你应该知道的
10种创富工具

财商教育编写中心 编

四川人民出版社

图书在版编目（CIP）数据

你应该知道的10种创富工具 / 财商教育编写中心编 . – 成都：四川人民出版社，2017.1
（金钥匙系列）

ISBN 978-7-220-09836-9

Ⅰ.①你… Ⅱ.①财… Ⅲ.①财务管理—儿童读物

Ⅳ.①TS976.15-49

中国版本图书馆 CIP 数据核字 (2016) 第 130378 号

NI YINGGAI ZHIDAO DE 10 ZHONG CHUANGFU GONGJU

你应该知道的10种创富工具

财商教育编写中心 编

责任编辑	吴焕姣
特约编辑	张 芹
封面设计	朱 红
责任校对	蓝 海
版式设计	乐阅文化
责任印制	聂 敏

出版发行	四川人民出版社 （成都槐树街 2 号）
网 址	http://www.scpph.com
E-mail	scrmcbs@sina.com
新浪微博	@ 四川人民出版社
微信公众号	四川人民出版社
发行部业务电话	（028）86259624　86259453
防盗版举报电话	（028）86259624
照 排	北京乐阅文化有限责任公司
印 刷	三河市三佳印刷装订有限公司
成品尺寸	190mm × 247mm
印 张	10.5
字 数	150千字
版 次	2017 年 1 月第 1 版
印 次	2017 年 1 月第 1 次印刷
书 号	ISBN 978-7-220-09836-9
定 价	39.80 元

前　言

　　财商是"财富智商"（Financial Quotient，简写为FQ）的简称，简单一点说是一个人与金钱打交道的能力，是一个人处理个人经济生活的能力；复杂一点说是一个人认识财富（资源）、管理财富（资源）、创造财富（资源）和分享财富（资源）的能力。这种能力主要体现在一个人的习惯(Behavior)、动机（Motivation）、方法（Ways）三个方面。

　　财商与智商、情商并列为现代人不可或缺的三大素质，与我们的日常生活息息相关。当每个人都无法逃避地要进行经济活动时，了解财商智慧、提高财商能力就是完善自我、增强幸福感的重要途径。

　　为什么这么说呢？因为财商教育的根本目的是把人们培养成为理性、智慧的"经济人"，简单地说就是实现个人的财富自由。通往"财富自由"的道路分为三个阶段。第一阶段：不论你有多少财富，你都处在不断挣钱、不断消费的境况中，这个时候你只是财富的奴隶；第二阶段：即使你只有10元钱，但这10元钱在为你工作，而不是你在为它工作，这时你是财富的主人；第三阶段：你和财富间形成了伙伴关系，能够在平等对话的基础上，互相帮助、共同成长，这就是"财富自由"。"财富自由"是一个人实现高品质的社会生活的重要保障，也是实现圆满、和谐、幸福的精神生活的坚实基础。

　　"金钥匙"财商教育系列正是基于这一理念而精心编撰的财商启蒙和学习读本，由"富爸爸"品牌策划人、出品人汤小明先生组织财商教育编写中心倾力打造。书中以充满智慧的富爸爸、爱思考的阿宝、爱美的美妞、调皮好动的皮喽等卡通形象为主人

公，结合国内外财商教育的丰富经验，将知识性、趣味性、实践性融为一体，让孩子们在一册书中能够在观念、知识、实践三个层面得到锻炼。

"金钥匙"财商教育系列分为"儿童财商系列"和"青少年财商系列"，分别适应7~10岁的少年儿童和11~14岁的青少年学习。"儿童财商系列"通过丰富的实践活动以及生动有趣的游戏、儿歌、故事版块，侧重培养小朋友的财商意识、良好的理财习惯以及正确的财富观念。"青少年财商系列"在此基础上，旨在培养青少年较为深入地认识一些经济规律，熟悉市场运作的基本原理，逐步把财商智慧应用到创新、创业的生活理念之中。

作为国内财商教育的先驱者和尝试者，本系列丛书在编写过程中得到众多德高望重的教育学、经济学等领域专家的指导和帮助，在此向他们致以诚挚的谢意。希望本系列丛书顺利出版后能够为中国少年儿童和青少年的财商启蒙和教育增添一份力量。

财商教育编写中心
2015年11月

主要人物介绍

美妞
性别：女
性格：活泼、爱臭美、
　　　爱出风头
喜爱的食物：骨头、肉
喜欢的颜色：粉色

咕一郎
性别：男
性格：内向、聪明
　　　好学
喜爱的食物：谷子
喜欢的颜色：绿色

皮嘍
性别：男
性格：活泼、反应
　　　快、粗心
喜爱的食物：桃子、
　　　　　　香蕉
喜欢的颜色：黄色

阿宝
性别：男
性格：稳重、爱思考
喜爱的食物：竹子、苹
　　　　　　果、梨
喜欢的颜色：蓝色

富爸爸
性别：男
会出现在各种不同
场合，教给小朋友
们不同的财商知
识。

Contents
目 录

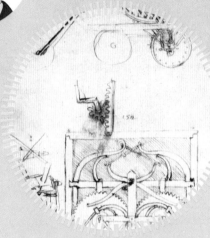

一、什么是收入

关于小黑哥收入的讨论

皮喽、美妞和咕一郎都听说了小黑哥正在积攒梦想基金的故事。小黑是阿宝的堂兄，目前的工作职位是助理律师，他的梦想基金已经高达10万元。

皮喽很好奇地问阿宝："小黑哥攒了这么多钱，那他一年的收入是多少啊？"

阿宝说："我也不知道啊，或许我可以帮你打听打听。不过，我好像听爸爸说过，收入属于个人隐私，向别人打听收入是很不礼貌的。"

皮喽还不死心，继续说道："那你能先问问小黑哥他都有哪些收入吗？这个问题应该不属于隐私吧？"

美妞不屑地说："这还用问？收入就是单纯的工资收入呗。哦，不对！好像还有奖金、提成、住房公积金之类的。"

阿宝说："原来收入构成还这么复杂呢！"

皮喽说："还不止这些呢！"因为皮喽知道他

们家每年都有一大笔房租收入，以及基金分红等收入。

1. 家庭收入通常由哪几部分构成？
2. 奖金、销售提成属不属于工资收入？

富爸爸告诉你

收入的定义和特点

收入即个人、家庭或企业在日常活动中获得的、会导致所有者权益增加、与所有者投入资本无关的经济利益的总流入。

收入有两个特征：

（1）收入是在日常活动中产生的，而不是来自于偶发事项；

（2）收入导致所有者权益的增加。

FQ动动脑

算一算

（1）年初，阿宝家有一笔一年期的银行存款8万元。到年底，该笔存款能给阿宝家带来多少收入？（假设银行一年期的存款利率为3.5%）　　　　　　　　　　　（　　　）

（2）皮喽家的另一套房子出租给了别人，月租金为2500元。这套房子一年能给皮喽家带来多少收入？（假设租金收入所得税的税率为20%）　　　　　　　　　　　（　　　）

（3）美妞妈妈购买的某股票（5000股）7月份公布了如下分红派息方案：每10股送两股并派发现金股利1.2元。假如美妞妈妈打算长期持有该股票，该项股票投资今年能给美妞家带来多少收入？　　　　　　　　　　　　　　　　　　（　　　）

（4）咕一郎爸爸（咕咕）经常外出旅游，并且于3年前出版了两本旅游方面的畅销书：《中国小镇美食指南》（定价为20元）和《欧罗巴艺术之旅》（定价为30元）。根据与出版社签订的出版合同，咕一郎爸爸可以得到的"版权使用费"比率为8%。今年，出版社再版发行了这两本畅销书，发行量分别为10万册、12万册。请计算：咕一郎爸爸今年的著作权收入是多少？（假设所得税税率为20%）　　　　　　　　　（　　　）

练一练

判断下列各项是否属于收入，正确的打"✓"，错误的打"✗"。

（1）彩票中奖，得到2500元。 （　　　）

（2）卖废品获得20元。 （　　　）

（3）亲戚归还的1.5万元欠款。 （　　　）

（4）爸爸投稿赚取的稿费1200元。 （　　　）

（5）妈妈买基金得到的分红800元。 （　　　）

（6）皮喽爸爸开运输公司赚到18万元。 （　　　）

小贴士

非工资收入

非工资收入：在所有收入中除去工资收入之外的部分。

非工资收入主要包括：存款利息、股份分红、股票红利、出租房产的租金、版权收入、专利权收入等。

毛毛家今年的年收入

目前，身为布依族的毛毛已是中学生了。他生活在云贵高原上的一个小县城里，城中间有一条小河缓缓流淌、清澈见底。小城的四周都是高山，山间云雾缭绕。由于地理环境及气候条件的得天独厚，山上盛产优质绿茶，大片绿油油的茶园随处可见。

毛毛的爸爸是当地有名的种茶能手，在与几个朋友合开的茶厂里主管茶叶生产工作，负责茶叶的种植、采摘及制作。爸爸每个月的工资是5500元。

毛毛的妈妈是一位小学数学老师。妈妈的学生基本上都是少数民族的小朋友，有布依族、苗族、侗族、土家族、仡佬族等。妈妈每个月的工资是2800元。

每年年底，爸爸的茶厂都会给股东分红。今年由于茶园的面积扩大了1倍，所以年底股东的分红更多了，达到了人均2.5万元。爸爸马上将钱交到了妈妈手里，因为毛毛的妈妈既是数学老师，又是一个理财能手。

今年的股市行情不太好，但妈妈购买的稳健成长型基金业绩不错，给他们家带来了3.5万元的分红。除此之外，妈妈还将原来的老房子简单装修后出租给了别人，每年的租金为2万元（假设房屋租金的所得税税率为20%）。

以上所讲的就是毛毛一家今年的全部收入。

> 1. 计算一下毛毛家今年的年度总收入有多少。
> 2. 计算一下毛毛家今年的非工资性收入一共有多少。

FQ笔记

1.与爸爸妈妈一起列一列家庭的各项收入，估算一下家庭的年收入有多少。

No.1: _____ ，金额：_____元

No.2: _____ ，金额：_____元

No.3: _____ ，金额：_____元

No.4: _____ ，金额：_____元

No.5: _____ ，金额：_____元

No.6: _____ ，金额：_____元

合计：_____元。

2.与爸爸妈妈一起讨论：采取哪些举措可以提高家庭的年收入呢?

_____

_____

_____

_____

_____

_____

_____

_____

_____

_____

_____

二、支出有哪些

里德的"大款朋友"

里德的爸爸是一位发明家、企业家。

里德上小学的时候，由于家境贫寒，家里没有什么高档的家具和设施。与很多贫困家庭的小朋友一样，里德也没有什么像样的玩具。

每到周末，里德很喜欢到同学埃里森家玩儿。因为，埃里森家不仅有游泳池、花园、网球场，而且还有名牌轿车、豪华游艇等。有时，老埃里森会热情邀请里德和他的爸爸妈妈一起坐游艇出海钓鱼。

里德称老埃里森为他的"大款朋友"。有一天，这位"大款朋友"对里德说，他准备花100万美元来参加新一届的"美洲杯"帆船比赛。这次他将组建一支最好的团队，并购买一艘最新款式的双体帆船，争取再次蝉联"美洲杯"冠军。

而里德的爸爸呢，平时很少花钱，偶尔会花上20美元买一条牛仔裤或一件衬衣，大部分时间都在忙自己的工作。

里德非常喜欢他的"大款朋友"，同时又非常尊敬他那位节俭、专注于"活着就要改变世界"的爸爸。

1. 里德的"大款朋友"花100万美元参加帆船比赛，你认为该项支出合理吗？
2. 如果你有一大笔钱（比如100万人民币），你将如何支配？

富爸爸告诉你

支出的定义和特点

支出即个人、家庭或企业在日常生活中进行消费或为了获得资产、清偿债务、承担意外损失而发生的经济利益的总流出。

支出有很多种，最常见的有消费支出（衣食住行、休闲娱乐、教育培训等）；投资支出；偿还债务的支出等。

FQ动动脑

收支小调查

1.你的月度"收入"一般是多少?

　我的月度"收入"是：＿＿＿＿＿＿。

2.你的月度支出一般是多少?

　我的月度"支出"是：＿＿＿＿＿＿。

练一练

1. 请你列举几个有关"家庭支出"的实例。

＿＿＿＿＿＿＿＿＿＿＿＿＿＿＿＿＿＿＿＿＿＿＿＿

＿＿＿＿＿＿＿＿＿＿＿＿＿＿＿＿＿＿＿＿＿＿＿＿

＿＿＿＿＿＿＿＿＿＿＿＿＿＿＿＿＿＿＿＿＿＿＿＿

＿＿＿＿＿＿＿＿＿＿＿＿＿＿＿＿＿＿＿＿＿＿＿＿

2. 下列哪些项目属于家庭支出？　　　　　　　　　　（　　　　）

A. 妈妈为外公购买生日礼物（200元）。

B. 妈妈购买基金（1.5万元）。

C. 爸爸出差去上海（3800元）。

D. 爸爸每月给爷爷奶奶的生活费（1200元）。

E. 家里每月支付给银行的住房按揭贷款（2240元）。

连一连

消费支出

投资支出

偿债支出

水电费

电话费

购买黄金

还同学100元

按月向银行还款（住房按揭贷款）

购买位于商业中心的一个商铺

为家庭轿车购买保险

小贴士

恩格尔系数

恩格尔系数是指食品支出总额占个人（家庭）消费支出总额的比重。

19世纪德国统计学家恩格尔根据统计资料总结出了消费结构变化的一个规律：一个家庭收入越少，家庭收入（或消费总支出）中用来购买食物的支出所占的比例就越大；随着家庭收入的增加，家庭收入（或消费总支出）中用来购买食物的支出比例则会下降。

推而广之，一个国家越穷，每个国民的平均收入（或平均消费支出）中用于购买食物的支出所占比例就越大。随着国家的富裕，这个比例呈下降趋势。

恩格尔系数=食品支出金额÷消费总支出金额×100%

1.十月份，美妞家的食品支出为1500元，总消费支出为2500元。请你计算一下：美妞家的恩格尔系数是多少？

2.如果明年美妞家的恩格尔系数下降了，引起这一变化的原因可能有哪些？

猜猜他是谁

他是一位知名人士，经过30多年的辛勤工作创造并积累了巨额财富。

他一直秉承这样的信念：一个人只有当他用好了自己的每一分钱时，他才能做到事业有成、生活幸福。

虽然拥有巨额财富，但是他却很少光顾豪华餐厅。只有在工作需要的时候，他才会去一些高级餐厅用餐。他平时的用餐地点通常是肯德基快餐店或咖啡馆。

有一次，他和妻子来到了一家墨西哥人开的食品店，那里是当地人公认的最实惠的商店。店里一条"五折优惠"的广告引起了他的注意，在广告牌下方的燕麦片大袋包装上也贴有"五折优惠"的字样。刚开始，他有点怀疑，因为同样的燕麦片在其他店里的售价要比这家店贵很多。当他确认这是真货后，马上付钱买下了一大袋燕麦片，并对他的妻子说："看来这里的确如同人们所说的那样物美价廉，我很高兴自己今天没有多掏腰包。"

虽然是商界名人，但他在穿着方面从来不看重它们的牌子和价钱，只要穿起来舒服就行。在出席一个顶级的企业家派对时，他所穿的上衣，是在泰国旅游时临时从地摊上购买的。

　　还有一次，他和一位朋友一同前往希尔顿饭店开会，由于去晚了，没有找到合适的停车位。他的朋友建议他把车停在饭店的贵宾车位上（要花费12美元），但他并没有接受朋友的建议，而是另找了一个更偏僻、更便宜的停车位。

　　当朋友问他为什么要这么做时，他的回答是"应该让每一美元都发挥出它最大的效益"。

　　你能猜到他是谁吗？

　　如果还没猜到，这里还有另外一个线索：2008年6月，他用自己的全部资产（580亿美元）建立了世界上最大的慈善基金，并开始全身心投入慈善事业。

1.你猜出了这位能挣会花的人是谁了吗？

2.你平时花钱大手大脚吗？

3.列出你平时的支出项目。看一看：哪一项所占的比重最大？

1. 与爸爸妈妈一起列一列家庭的各项支出，计算家庭的年度支出及各项支出。

家庭年度总支出：_____。

其中，投资支出_____，消费总支出_____。

2. 计算自己家的恩格尔系数（以上个月为例），看看这一数值落在了哪个区间范围内。

序 号	范 围	结 果 ✓
1	< 30%	
2	31% ~ 35%	
3	36% ~ 40%	
4	41% ~ 45%	
5	>46%	

三、什么是资产

财富与资产

周六上午，阿宝、美妞、皮喽和咕一郎一起来到了富爸爸的"FQ西餐厅"。在帮助店员打扫店面、摆放好桌椅以后，大家坐在靠窗的沙发上一边看报纸，一边讨论问题。

原来他们正在看的是刚刚发布的"福布斯中国富豪榜"。

阿宝发现：排在前10位的富豪中，尽管地产富豪们占了5席，但排名都比较靠后；排名靠前的多是年轻的高科技富豪，以及饮料、制造业的中年企业家。

美妞说："排在第一名的富豪其资产高达630亿元人民币，他的资产比上一年度增加了200多亿元，增幅超过50％，太惊人了！"

皮喽说："我有一个疑问，这些富豪的'资产'具体是什么？它又是怎么被统计出来的呢？"

阿宝、美妞和咕一郎相互看了看，一时不知如何回答皮喽的问题。

1. 你能帮阿宝、美妞和咕一郎回答关于"什么是资产"的问题吗?
2.未来社会的人将会拥有什么样的资产呢?

什么是资产

资产就是指由个人、家庭或公司拥有或控制的、能带来利益的经济资源。

著名财商代言人罗伯特·清崎对资产的定义是：当你持有某种物品时，如果这一物品会自动使现金流向你的口袋，那么，它就是一项资产。

个人或家庭拥有的资产包括现金、银行存款、房产、汽车、股票、投资开办的公司或店面、日常生活用品、专利技术、著作权等。

个人拥有的专长（比如修车的技术、烹调技艺、绘画技能）、健康、快乐、名誉等属于广义上的财富，但不属于我们讲述的财商范围内的资产。

FQ动动脑

练一练

1.判断下面哪些说法是正确的？哪些是错误的？

皮喽：风力发电能减少环境污染。对于发电厂来说，风力是资产。（ ）

咕一郎：壮壮的爸爸向租车公司租借了一辆汽车，这辆汽车现在是壮壮家的资产。（ ）

美妞：小梅阿姨向我妈妈借走了5万元开花店，我家的净资产减少了5万元。（ ）

阿宝：小黑哥通过了律师资格考试，律师资格证书是他的资产。（ ）

2. 你最同意下面哪种说法？（ ）

A. 财富排行榜上富豪的"资产"就是指个人或家庭拥有的现金资产。

B. 财富排行榜上富豪的"资产"就是指个人或家庭拥有的股票、房产等。

C. 财富排行榜上富豪的"资产"就是指个人或家庭拥有的净资产。

D. 财富排行榜上富豪的"资产"就是指个人或家庭拥有的全部资产。

3. "资产" 连连看

时　代	资　产
远古时代	铜钱、银锭、油灯、铁制农具
农业社会	电子货币、电脑、手机、QQ号码
工业社会	贝壳、陶罐、兽皮、青铜兵器
信息社会	纸币、支票、缝纫机、电报机

小贴士

净资产

净资产即为个人、家庭或企业所拥有，并可以自由支配的资产。

用公式表述为：净资产＝资产－负债

净资产可表示为：

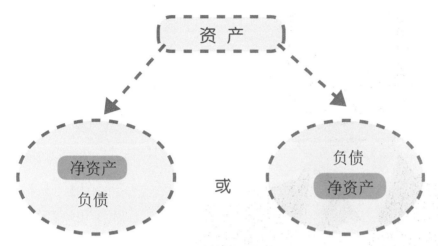

例如：小明家原来有资产50万元（没有负债，全部为净资产），最近向亲戚借了10万元建蔬菜大棚。

目前，小明家的资产总额为60万元。其中，净资产50万元，负债10万元。

李嘉诚的资产分配方案

2012年7月，作为华人首富的李嘉诚公布了他个人资产的分配方案。

李嘉诚将自己的个人资产分成三部分：第一部分为旗下企业的权益，包括长江实业、和记黄埔等

约22家上市公司的股份；第二部分为现金资产；第三部分是"李嘉诚慈善基金"（投入该基金的资产占李嘉诚财产总额的1/3）。

其中，第一部分资产（企业权益）的市值为2900亿港元，由其长子李泽钜持有；第二部分资金（现金资产，外界估计约300亿港元）将交付给次子李泽楷，助其创业；第三部分资产（"李嘉诚慈善基金"），即捐赠给社会部分（主要用于教育、医疗等领域的公益慈善）由李嘉诚本人负责管理，等李嘉诚退休后，将交由李泽钜、李泽楷兄弟俩共同管理。

对于李嘉诚在没有准备退休的时候就预先公布财产分配、确定接班人的做法，以及具体的"分家"方案，人们对此普遍给予了高度的评价。

1. 李嘉诚所分配的资产是其拥有的总资产还是净资产？
2. 你认为李嘉诚的资产分配方案好在什么地方？

与爸爸妈妈一起列出家庭的主要资产。

No.1:_____；

No.2:_____；

No.3: _____；

No.4: _____；

No.5: _____；

No.6:_____；

No.7:_____；

No.8:_____。

四、正确认识负债

小梅阿姨的烦恼

美妞每天写完作业后，常常到小梅阿姨的"美梅花店"帮忙。花店是用美妞家的老房子改装的，如此说来美妞还是小梅阿姨的"房东"呢。

美妞特别喜欢闻花的香味，她不仅喜欢玫瑰的香甜浓郁、百合的清新淡雅，也很喜欢菊花中散发出的暖暖的太阳的味道。

最近，美妞发现小梅阿姨花店的生意更加红火了。原来，国庆节快到了，结婚的人特别多，前来订花的年轻人络绎不绝。

为了接待更多的顾客，花店临时增加了两名店员。在店面布置上，小梅阿姨也花费了很多心思：在进门右手边的玻璃窗前摆放了一个身穿白色婚纱、手捧鲜花的女模特模型；在进门的左手边，新增加了一处小型的接待区。由于店内空间有限，不少花束只好摆到了店门口。

花店收工时，美妞笑着问小梅阿姨："生意这么好，你是不是特开心？"

没想到小梅阿姨叹了一口气，说道："生意是比以前好了，但开销也大了，特别是最近，资金都快周转不开了。"

美妞很奇怪："生意好了，反倒钱不够用了，这是怎么回事？"

小梅阿姨说："马上到月底了，还有好几笔债务没还上呢，我正为这事发愁呢。"

美妞说："你平时又不乱花钱，怎么会有债务呢？"

小梅阿姨耐心地说："做生意就会有各种开支，负债就不可避免。比如，马上要还婚纱店的欠款，要向你妈妈交下个季度的房租，要与花农结算当月的货款，要向税务局缴税，还要给员工发工资……"

美妞似懂非懂地点点头，说："看来你这个花店的负债还真不少！"

1. 小梅阿姨的花店都有哪些支出？
2. 在这些支出中，哪些属于"债务"？

什么是负债

负债即个人、家庭或企业承担的以货币计量的在将来需要以资产或劳务偿还的债务。它将会导致经济利益的流出。

个人或家庭的负债一般包括：银行贷款、信用卡透支、欠亲戚朋友的钱、拖欠的各项费用等。

FQ动动脑

练一练

判断下面哪些说法是正确的，哪些是错误的？

皮喽：我们家购买农家院时，向银行贷款35万元。我家有了一笔35万元的负债。　　　　　　　　　　（　　）

美妞：爸爸妈妈每个月要给我零花钱。我是爸爸妈妈的负债。　　　　　　　　　　　　　　　　　（　　）

26

咕一郎：狐鹏表哥用信用卡透支2800元，购买了一部手机。他有了2800元的负债。　　　　　　　　　　　　　（　　）

阿宝：小美姐姐每个月的生活费是1000元，因此，姑父和姑姑（小美的爸爸妈妈）除了别的负债外，还有这一笔1000元的负债。　　　　　　　　　　　　（　　）

我家的负债是35万元。

我是爸爸妈妈的负债。

表哥的负债是2900元。

小·美的爸爸妈妈有一笔1000元的负债。

辩一辩

负债的好坏

小组讨论：

（1）你希望自己负债吗？

（2）负债是"好东西"还是"坏东西"？

向银行借款1美元

一个犹太商人在一家银行的大门外徘徊了许久之后，最终迈着稳健的步伐来到了银行的柜台前。

"先生您好！有什么可以为您效劳吗？"信贷部职员一边热情地问候顾客，一边打量着顾客的穿着：名贵的服装、名牌手表，还有镶有宝石的领带夹子……

"我想借点钱。"

"完全可以，您想借多少呢？"

"1美元。"

"只借1美元？"信贷部的职员忍不住露出了惊愕的表情。

由于银行没有规定不可以贷1美元，这位工作人员只能按流程来办，并热情地对这位犹太商人说道："请您填写贷款申请单并提供担保物，我们将为您提供您所需的贷款。"

"好吧！"犹太商人填写完申请单后，随即从皮包里取出债券、宝石、房产证等一大堆东西，并询问银行工作人员："用这些做担保可以吗？"

银行工作员清点了一下，"先生，仅债券、房产这两项的价值就已经超过了100万美元，宝石的价值也不菲，这么多的资产做担保绰绰有余了。不过先生，你真的只贷1美元吗？"

　　"是的，我只需要1美元，有问题吗？"

　　"没问题。我这就为您办理。贷款的年息为6%，您到期偿还本金和利息后，我们会把这些担保物归还给您。"

　　犹太商人办完贷款手续后，轻松愉快地拿着1美元离开了。

1. 这个犹太人应为1美元贷款（期限一年）支付多少利息？
2. 你能猜出犹太人增加1美元负债的目的吗？
3. 这个犹太人的财商高吗？为什么？

FQ笔记

与爸爸妈妈一起列出家庭的主要负债。

No.1:_____;

No.2:_____;

No.3: _____;

No.4: _____;

No.5: _____;

No.6:_____;

No.7:_____;

No.8: _____。

五、资产与负债的转换

关于资产与负债的讨论

最近，阿宝、美妞、皮喽和咕一郎跟随富爸爸学习了资产、负债等知识。他们对于资产、负债的概念也有了正确的理解，甚至还掌握了这样一个公式：资产＝负债+净资产。

但是，关于资产与负债两者之间到底是怎样一种关系，几个人还是见仁见智。

皮喽的观点是："资产包括负债，负债是资产的一部分。"

美妞则认为："资产是资产，负债是负债。资产体现为钱、汽车、房产、股票、基金等，负债则是应该向别人支付的钱或需要偿还的债务。两者是不同性质的东西，因此不能简单地说资产包括负债。"

咕一郎说："我认为，资产与负债好比一个硬币的两面。资产是硬币的一面，负债和净资产则是硬币的另一面。"

阿宝说："在《富爸爸穷爸爸》一书中，作者罗伯特·清崎说过，‘资产’就是帮你把钱装进口袋里的东西，而‘负债’则是让你从口袋里往外掏钱的东西。他将资产和负债对立了起来。但我觉得，资产与负债有时甚至就是一回事，比如皮喽爸爸借钱买了一辆卡车，这辆卡车既是资产又是负债。"

那么，资产与负债两者之间到底是一种什么样的关系呢？

资产包括了负债。

资产不包括负债，它们是两种不同性质的东西。

资产与负债就像是一枚硬币的两面。

资产与负债有时甚至就是一回事。

1. 你最赞同谁的观点？（　　）
A. 皮喽　　　　　B. 美妞
C. 咕一郎　　　　D. 阿宝
2. 你是如何理解资产与负债的关系的？

富爸爸告诉你

资产与负债的关系

从数量（金额）上讲，资产=负债+净资产。

资产表示"你所拥有的"，负债表示"应该偿还的"，净资产即"偿还完债务后所剩下的净值"。

负债不仅是所要偿还的债务（义务），同时它还是资产的来源。比如，某人借5万元购买了一辆汽车，在这个过程当中，这5万元就从负债转换成了资产。

当一辆汽车用于消费时，它会源源不断地产生汽油费、过桥过路费、停车费、修理费、交通罚款等费用，导致经济利益的流出，此时资产就转换成了负债。

FQ动动脑

练一练

1. 上周小美花500元办了一张游泳卡（有效期为3个月，不限次数），她拥有了一项价值500元的（　　）。

　　A. 资产　　　　　　　　　B. 负债

2. 小黑哥已报名参加为期5天的"创业大课堂"培训，他交纳了1500元学费。小黑哥拥有了一项价值1500元的（　　）。

　　A. 资产　　　　　　　　　B. 负债

3. 美妞对妈妈说："您为我交的钢琴班学费，现在是一项负债，但是将来它会转换成资产的。"你赞同美妞的说法吗？（　　）

　　A. 赞同　　　　　　　　　B. 不赞同

4. 咕一郎对表哥狐鹏说："你别再和你的朋友飙车了。要不然，你这辆漂亮的新车将从资产变成负债。"你赞同咕一郎的说法吗？（　　）

　　A. 赞同　　　　　　　　　B. 不赞同

善于变"负债"为"资产"的诺贝尔医学奖得主

英国的医学教授约翰·格登获得了2012年度诺贝尔医学奖，他在"体细胞重编程技术"领域做出了革命性贡献，彻底改变了人们对细胞和器官生长的理解。

约翰·格登教授回忆称，自己在中学（伊顿公学）时曾成绩垫底，不仅遭到同学们的讥讽，甚至还被老师断言"绝不可能成为科学家"。一位老师很生气地给他写下了这样的评价："我知道格登想成为科学家，但以他目前的学业表现，这个想法非常荒谬。他连简单的生物知识都学不会，所以根本不可能成为这方面的专家，对于他个人及想教导他的人来说，这根本就是在浪费时间。"

这份特殊的"成绩报告"一直保存在格登的办公室。

格登对记者说："每当遇到麻烦，比如实验无法进行下去时，我都会看看这份评价，来提醒自己要努力，要坚持，不然真的就见证那位老师的预言了。"

同学们的讥笑、老师的负面评价，不仅没有打倒格登，反而被格登视为刻苦学习、攻坚克难的动力。

格登教授不愧是一位善于将"负债"转换成"资产"的高手。

1. 你赞同"格登教授不愧是一位善于将'负债'转换成'资产'的高手"这一说法吗？（　　　）
A. 赞同　　　　　　　B. 不赞同
2. 判断
哪些行为会形成资产？（　　　）
哪些行为会形成负债？（　　　）
A. 与人打架　　　　　B. 与父母吵架
C. 玩网游　　　　　　D. 改善与同学的关系
E. 像格登教授一样面对负面评价和指责
F. 和向银行贷款1美元的犹太商人一样具有创新思维

与爸爸妈妈讨论：哪些家庭资产是由负债转换而来的？哪些资产可能或者已经转换成了负债？

（1）由负债转换而来的资产：＿＿＿＿＿＿＿＿＿；

（2）可能或已经转换成负债的资产：＿＿＿＿＿＿＿＿＿＿

＿＿＿＿＿＿＿＿＿＿＿＿＿＿＿＿＿＿＿＿＿＿＿＿＿＿。

六、初认识财务报表

能源巨人轰然倒下

安然公司（股票代码：ENRNQ）曾是一家位于美国得克萨斯州休斯敦市的能源类公司。该公司2000年的财务报表显示：公司的营业额高达1010亿美元，在世界500强企业中位居第7位，是世界上最大的电力、天然气公司之一。公司连续六年被《财富》杂志评选为"美国最具创新精神公司"。

一直以来，安然公司身上都笼罩着一层层的金色光环，并成为华尔街竞相追捧的宠儿；安然股票是所有的证券评级机构都强力推荐的绩优股，股价曾高达70多美元。

安然的噩梦开始于2001年。这一年年初，财务专家兼投资机构总裁吉姆通过对安然公司财务报表的深入分析，他发现该公司的实际盈利能力根本达不到其业绩报告中所宣称的水平。因此，他公开质疑安然公司财务造假。

经过美国证券交易委员会的调查，安然公司持续多年精心策划，乃至制度化、系统化的财务造假行为被公之于众。在短短几周时间内，曾经风光无限的安然公司轰然倒下，相关责任人受到了应有的惩罚。

　　"安然"从此成为公司财务报表欺诈及堕落的象征。

1. 想一想：如何保证上市公司的财务报表真实、准确、完整呢？
2. 安然公司的财务造假行为是否违法？
（　　　　）
　　　A. 是　　　　　　　　B. 否
3. 关于上市公司的财务报表，你认为最重要的方面是（　　　）
　　A. 全面完整　　　B. 重点突出
　　C. 真实可靠　　　D. 具有可理解性
　　E. 及时完成并对外披露

富爸爸告诉你

什么是财务报表

　　财务报表反映企业财务状况和经营成果。它主要包括资产负债表、损益表、现金流量表等。

　　评价一个人的健康状况，需要查看他（她）的心电图、脑电图、X光片、血液检测报告等。评价一家企业的健康状况及盈利能力，则需要看这家企业的财务报表。

练一练

1. 财务报表主要是给哪些机构或人员看的？（　　）

A. 公司管理层　　B. 股东　　　C. 公众投资者

D. 税务局　　　　E. 银行　　　F. 有业务往来的公司

2. 财务报表连连看

损益表　　　　　　　反映企业财务状况的报表

现金流量表　　　　　反映企业盈利或亏损的报表

资产负债表　　　　　反映企业现金流进、流出的报表

沃伦·巴菲特的成功秘诀

沃伦·巴菲特是有史以来最伟大的投资家之一。

沃伦·巴菲特的核心投资理念是进行"价值投资"。其投资的技巧在于，他会在目标公司的股票价格远低于其实际价值时，大量买入并持有；当该股票价格高于其实际价值时，他则果断售出（华盛顿邮报、麦当劳等公司的股票例外）。当市场上没有买入机会时，他会耐心地等待时机。

沃伦·巴菲特的投资策略简单明了，也广为人们所熟知。不少人将沃伦·巴菲特的投资方法奉为圭臬。然而，多年以来，没有几个人能够像沃伦·巴菲特那样，成为股市投资的行家、赢家。

那这又是为什么呢？是不是沃伦·巴菲特没有倾囊相授、而将真正的秘诀隐藏起来了？

以沃伦·巴菲特的坦诚、率真，人们相信他一定不会故意隐瞒，更不会刻意欺骗。那问题出在什么地方呢？对此，人们都有一些迷惑不解。

最近出版的一部人物传记《做你自己》或许能为大家揭开真正的谜底。《做你自己》是沃伦·巴菲特的小儿子彼得·巴菲特的自传。彼得·巴菲特从小热爱音乐，完全靠自己的努力成为美国最著名的音乐家之一，并多次获得格莱美奖。通过彼得·巴菲特的这一传记，人们了解到：沃伦·巴菲特在生活方面非常节俭（一直住在50多年前用3万美元购买的老房子里，家具、电器都非常陈旧）；而他在工作方面却非常勤奋。在教育孩子方面，他从不溺爱，几乎不给孩子们零花钱（彼得·巴菲特和哥哥姐姐的零花钱都是他们自己挣来的），在孩子们成年后他也未曾给予这些孩子们任何经济上的资助，只是鼓励孩子们要自己奋斗。

彼得·巴菲特在大学毕业之前都一直以为他们家很贫穷（住不起带花园、游泳池的房子），后来通过媒体报道才知道父亲在很早以前就挣了很多钱，此时更是美国最富有的人之一。

在这一传记中，彼得·巴菲特多次提到"父亲下班后仍会坐在书房里，认真研读各上市公司的财务报表，常常是一动不动、如老僧入定"，他还提到"父亲每天上班的主要工作内容就是阅读财务报表，而且他几乎不看股票走势图，也不关心股市的波动"。

通过彼得·巴菲特在书中为读者所做的这些翔实的描述，人们仿佛发现了沃伦·巴菲特投资成功的真正秘诀。

1. 你认为沃伦·巴菲特投资成功的真正秘诀是什么？
2. 沃伦·巴菲特身上还有哪些值得我们学习的东西？

1.问爸爸妈妈，他们是否看过一些上市公司的财务报表或财务数据？（　　）

A. 看过　　　　　　　　B. 没看过

2.任选一家上市公司，上网查看该公司上一年度的财务报表，熟悉标准财务报表的格式，并查找出以下科目的数据。

公司名称：＿＿＿＿＿＿；股票代码：＿＿＿＿＿＿；

股票价格：＿＿＿＿＿＿；市盈率：＿＿＿＿＿＿；

主营业务收入：＿＿＿＿＿＿；

净利润：＿＿＿＿＿＿；

每股利润：＿＿＿＿＿＿；总股本：＿＿＿＿。

七、看懂财务报表

财务报表该怎么看

国庆长假结束了，阿宝、美妞、皮喽和咕一郎又相聚在一起了。咕一郎迫不及待地和大家分享自己出国旅游的见闻。

咕一郎去的是新加坡，这个国家给他留下的最深印象是：很多地方都设有室外LCD液晶显示屏，不断滚动播出股市信息。由于欧洲一些国家的主权债务危机问题，导致新加坡的外汇市场和股票市场动荡不安，海峡时报指数（Strait Times Index）经常"上蹿下跳"，不少中老年市民表情紧张地在屏幕前驻足观看股市动态。

美妞说："根据'股神'巴菲特的投资经验，人们不必关注股市的短期波动，而应该多花些时间看一看上市公司的财务报表。"

皮喽说："对了，既然财务报表这么重要，我们得赶快学会如何看懂财务报表！阿宝，你最喜欢钻研了，有没有发现什么门道？"

阿宝说："我只知道资产负债表和损益表、现金流量表的结构。至于这些财务报表应该怎么看、具体看些什么以及如何得出结论，我也不是很清楚。"

咕一郎说："富爸爸一定知道怎么看财务报表，他可以教我们。"

于是，大家商定明天放学后就去向富爸爸请教如何看财务报表。

1. 你认为会看财务报表与股市投资成功之间有必然关系吗？
A. 有 　　　　　 B. 没有
2. 会看财务报表，对你将来的投资理财可能带来哪些帮助？

（一）什么是损益表

损益表即反映企业或家庭某段时期经营成果的报表。

损益主要由收入、支出（成本、费用）两大科目构成，其结果为企业或家庭一段时期内所实现的利润（或亏损）。

（二）什么是现金流量表

现金流量表即反映企业或家庭在一定期间内现金流入与流出的报表。

现金流量表主要由现金流入和现金流出两个科目构成，其结果为月度、季度或年度现金流量。

（三）什么是资产负债表

资产负债表所表示的是企业或家庭在某个时点的财务状况。资产负债表主要由资产、负债和净资产（所有者权益）三大科目组成。三者的关系可用公式表示为：资产=负债+净资产。

练一练

1. 表7-1为阿宝家上个月的家庭损益表，请在括号中填写正确的数值。

表7-1 损益表

项　目	明细科目	金　额
收　入	工　资	8000
	出租房屋的租金收入	2000
支　出	税　金	500
	购车贷款	1500
	其他支出	4000
	小孩支出	1500
利　润		

2. 从阿宝家的损益表中，你还能看到哪些方面的信息？

_____

_____

_____

3. 表7-2为咕一郎家上个月的现金流量表，请在括号中填写正确的数值。

表7-2 现金流量表

项　目	金　额
现金流入	4500
现金流出	3600
月现金流	（　　　　）

从咕一郎家的现金流量表中，你可以看到哪些信息？

_____

_____

_____

4. 填写小黑哥上个月末的资产负债表（见表7-3）。有关小黑哥的资产、负债情况如下：

（1）银行存款2万元；

（2）某股票1.5万股，上月末其股价为6元/股；

（3）上个月刚购买汽车一辆，总价为10万元；购买方式为分期付款，首付4万元，剩余部分向银行申请个人汽车消费贷款；

（4）上月购买住房一套（两室一厅），房价为60万元；小黑哥申请40万元的银行抵押贷款（20年期）。

表7-3 资产负债表（单位：万元）			
资　产	期末金额	负债及所有者权益	期末金额
银行存款	（　　）	信用卡借款	
股票甲	（　　）	车　贷	（　　）
股票乙		教育贷款	
债　券		住房按揭贷款1	（　　）
房产1	（　　）	住房按揭贷款2	
房产2		其他借款	
汽　车	（　　）	负债合计	（　　）
企业投资		净资产	（　　）
资产总计	（　　）	净资产合计	（　　）

从小黑哥的资产负债表中，你能看到哪些信息？

火眼金睛的经济学家600字短文粉碎"蓝田神话"

蓝田股份公司在长达5年的时间里，其年报业绩连年高速增长。

蓝田股份公司的主营业务是养殖、旅游和饮料，在短短的5年时间里，其总资产规模从上市前的2.66亿元发展到28.38亿元，增长了9倍；历年的每股收益都在0.60元以上，最高达到1.15元；5年间股本扩张了360％，创造了中国农业企业罕见的"蓝田神话"。

蓝田股份的高速增长引起了一位经济学家刘姝威的关注。她本想研究、推广蓝田的"成功经验"，于是先对蓝田的财务报表进行了一番分析。分析结果让她大感意外。因为通过财务报表分析，蓝田股份公司的流动比率只有0.77（正常情况应该是1.0~1.5），上年度净营运资金为−1.27亿元（正常情况应该为正）。

刘姝威得出了如下结论：蓝田股份的流动比率小于1，也就是说，它的偿债能力不足，在一年内难以偿还流动债务；其上年度净营运资金是−1.27亿元，这意味着它在一年中有1.27亿元的短期债务无法偿还。

专业知识功底深厚的刘姝威明白，对于一家绩优的上市公司来说，这种情况根本不可能出现。从手头的财务分析数据来看，蓝田公司不可能是一家真正的绩优公司，而是一家经营亏损、资金短缺、随时可能倒闭的公司。

于是，她将自己的分析结果写成了一篇600字的短文。文章发表后，立刻引起了证监会、相关银行的重视。证监会的调查结果表明，蓝田公司的实际情况正如这位经济学家分析的那样。

一直靠财务造假而风光无限的"蓝田神话"就这样覆灭了。两家重仓的基金公司亏损过亿，众多中小投资者损失惨重，甚至血本无归。

1. 读完蓝田神话覆灭的故事，你有哪些感悟？

2. 你觉得经济学家发现并指出蓝田公司的真实财务状况，结果导致不少股民血本无归的做法对吗？为什么？

皮喽的妈妈最近在闹市区购买了一个面积为20平方米的商铺，其每平方米单价为3.5万元，首付30万元，剩余部分则向银行申请了抵押贷款，此外该商铺能够带来3000元的月现金流。

根据上述描述，请问皮喽家的哪些财务报表将要发生变化？分别发生怎样的变化？

_____

_____

_____

_____

_____

_____

_____

_____

_____

八、财富创造的起点——储蓄

莫言获得诺贝尔文学奖后

得知著名作家莫言获得诺贝尔文学奖以及高达800万瑞典克朗（约合110万美元）的奖金时，大家开始兴奋地谈论此事。

美妞说："诺贝尔奖包括物理学奖、化学奖、生理学或医学奖、文学奖、经济学奖及和平奖6个奖项，而今年发放的奖金一共是4000万瑞典克朗，约合550万美元。如果每年都发出500多万美元的奖金，长期下去，诺贝尔基金会不就因为'坐吃山空'而没钱可发了？"

皮喽说："应该不会吧，诺贝尔奖从1901年开始颁发，110多年过去了，除了'二战'期间中断了4年外，其他年份都会按时颁奖。看来，诺贝尔基金会'不差钱'，诺贝尔当年捐出的遗产肯定是个天文数字！"

阿宝说："我看过阿尔弗雷德·诺贝尔的传记，当年他投入诺贝尔基金会的遗产大约是3100万瑞典克朗，在当时确实算得上是一大笔钱。"

咕一郎说："我知道了，肯定有人把诺贝尔的遗产存到了银行，然后每年将利息拿出来作为奖金发给获奖者，这样本金就一直保留下来了。"

美妞说："你这样说似乎有一定道理，但3100万瑞士克朗的本金，每年能产生4000万瑞士克朗的利息吗？"

1.人们将钱存入银行的行为，我们称之为（   ），如果一个人的银行账户上有一笔钱，我们称这笔钱为（   ）。
A. 现金   B. 贷款   C. 储蓄
D. 攒钱   E. 银行存款
2.你平时有攒钱的习惯吗？（   ）
A. 有   B. 没有
3.你到银行办理过存款或取款业务吗？（   ）
A. 有   B. 没有

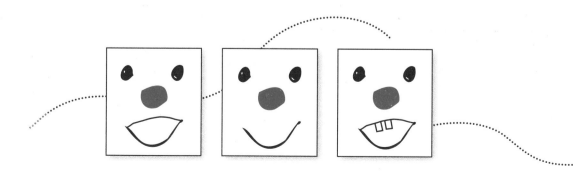

　　储蓄是指把节约下来或暂时不用的钱或物积存起来。我们通常把钱存到银行。

　　我国的储蓄原则是"存款自愿、取款自由、存款有息、为储户保密"。居民个人所持有的现金是个人财产，任何单位和个人均不得以各种方式强迫其存入或不让其存入储蓄机构。同样，居民可根据自身需要随时取出部分或全部存款，储蓄机构不得以任何理由拒绝提取存款，并要对储户支付相应利息。储户的户名、账号、金额、期限、地址等均属于个人隐私，任何单位和个人没有合法的手续均不能查询储户的存款，储蓄机构必须为储户保密。

　　储蓄的种类主要有活期存款、定期存款、整存整取、零存整取、整存零取、存本取息、定活两便、通知存款和教育储蓄。

FQ动动脑

练一练

1. 今年年初，美妞妈妈在银行存入2万元（3年期），假定银行的年存款利息率为3.5%。计算一下，该笔存款到期时，美妞妈妈一共可以得到多少钱？

_____

_____

_____

2. 如果银行的年存款利息率为3.5%，存入1万元，30年后，这笔存款会变成多少？

A. 1.8万　　B. 2.8万元　　　C. 5.8万元

3. 如果银行的年存款利息率为10%，存入1万元，30年后，这笔存款会变成多少？

A. 7.4万　　B. 17.4万元　　　C. 27.4万元

4. 如果银行的年存款利息率为20%，存入1万元，30年后，这笔存款会变成多少？

A. 37万　　B. 137万元　　　C. 237万元

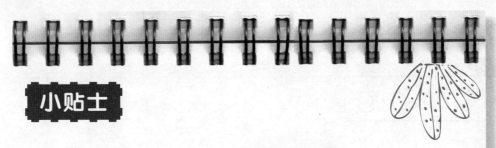

小贴士

储蓄好处多

（1）钱存在银行比较安全；

（2）能帮助人们养成攒钱的习惯；

（3）能产生一定的利息；

（4）为投资理财或重要支出积累资金。

一笔即将到期的存款

星期六上午，瑶瑶跟妈妈一起去银行办理取款手续。

来到银行营业大厅后，瑶瑶妈妈快步冲向排号机，麻利地取了一个号。在瑶瑶妈妈前面只有8个等待办理业务的客户，再等上10多分钟就可以轮到她办理业务了，但瑶瑶妈妈看上去非常焦急。瑶瑶感到很奇怪，因为妈妈平时是一个沉着冷静的人，做任何事情都不慌不忙的。

瑶瑶说："妈妈，你今天怎么这么着急？"妈妈说："你姥爷的心脏病犯了，这两天需要做心脏搭桥手术，我必须马上取钱给你舅舅汇款。"

原来是姥爷生病住院了，难怪妈妈这么着急！

很快就轮到瑶瑶妈妈了，瑶瑶和妈妈一起来到了营业窗口。妈妈立即把存折递给了营业员阿姨，急切地说："我要把10万元的存款全部取出来。"

营业员阿姨拿到存折后，对妈妈说："您的3年期存款还差3个月才到期，你确定现在就要取出来吗？"

瑶瑶妈妈说："我有急用，必须动用这笔钱。"

营业员说："如果您坚持提前支取，您的3年期定期存款就转成了活期存款，您将有不小的利息损失。建议您再考虑一下。"

就在妈妈稍稍犹豫的几秒钟内，瑶瑶根据所学的财商知识，迅速估算出了利息损失：$100000 \times (5\%-0.5\%) \times 3 = 13500$元。（注：5%和0.5%分别为3年期和活期的存款利率）瑶瑶认为这可是一笔不少的钱，可以让姥爷手术后好好地补补身子！

瑶瑶妈妈态度坚决地说："我考虑好了，尽管有利息损失，我还是要提前支取，我得让老人家赶紧做手术！"

看妈妈执意要取，瑶瑶忍不住插嘴说："等等！阿姨，有没有既能拿到钱又不用损失1.3万多块钱利息的办法呀？"

　　营业员阿姨面带微笑地说："小朋友，你的数学学得不错呀！这么快就计算出利息啦！我们银行刚刚有个新政策，可以满足你们的要求！你能猜到是什么样的政策吗？"

　　瑶瑶曾经在财商课上听老师讲过《银行是"我"家》，也玩过好几次《富爸爸现金流》游戏，她马上就猜到了银行的新政策是什么，并自豪地告诉营业员阿姨"这些知识都是从财商课上学到的"。

　　瑶瑶妈妈听完以后不禁感叹道："女儿上财商课的收获真不小啊！她不仅能快速算出利息，还知道这么多与金钱打交道的诀窍！"

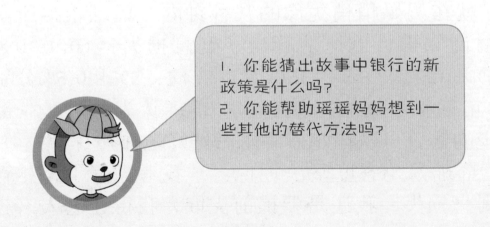

1. 你能猜出故事中银行的新政策是什么吗？
2. 你能帮助瑶瑶妈妈想到一些其他的替代方法吗？

FQ笔记

与爸爸妈妈一起讨论一下：是否要将家里的活期存款中的一部分转为 1~3 年期的定期存款。

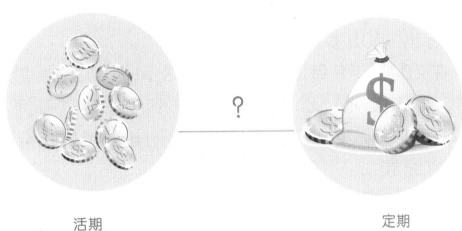

活期　　　　　　　　　　　　　　　　定期

九、什么是股票

苹果公司成为全球最值钱的公司

苹果公司是目前世界上唯一一家市值超过5000亿美元的公司，比第二名的埃克森美孚石油公司的市值高出1200多亿美元。

在2012年8月22日，苹果公司股票的收盘价高达665.15美元，公司市值上升到6230亿美元，此数值打破了微软公司于1999年创造的6205亿美元的市值纪录。

有分析师乐观地指出，随着苹果公司一系列创新产品的推出，该公司的股价有望突破1000美元/股。届时，它将成为世界上首个市值超万亿美元的公司。

苹果公司的股票价格曲线

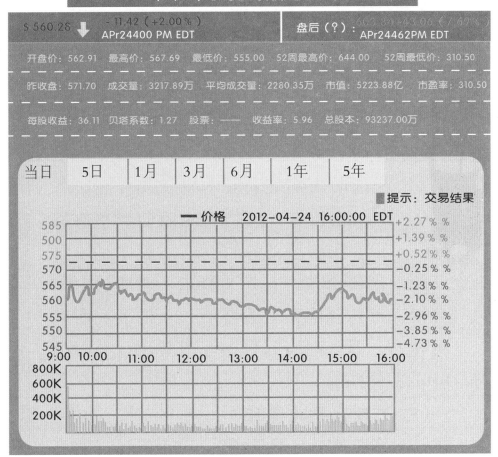

$ 560.28 ↓	- 11.42（+2.00%） APr24400 PM EDT	盘后（?）：	603.34 +43.06（/.69%） APr24462PM EDT

开盘价: 562.91	最高价: 567.69	最低价: 555.00	52周最高价: 644.00	52周最低价: 310.50
昨收盘: 571.70	成交量: 3217.89万	平均成交量: 2280.35万	市值: 5223.88亿	市盈率: 310.50

每股收益: 36.11	贝塔系数: 1.27	股票: ——	收益率: 5.96	总股本: 93237.00万

当日	5日	1月	3月	6月	1年	5年

■提示：交易结果

—— 价格　2012-04-24　16:00:00 EDT

1. 什么是股票？
2. 什么是市值？

（一）什么是股票

股票是股份公司在筹集资本时向出资人公开或私下发行的、用以证明出资人的股本身份和权利，并根据持有人所持有的股份数享有权益和承担义务的凭证。股票是一种有价证券，代表着其持有人（股东）对股份公司的所有权，每一股同类型股票所代表的公司所有权是相等的，即"同股同权"。股票可以公开上市，也可以不上市。

（二）什么是市盈率

市盈率即股价与每股收益之间的比率。它可用公式表示为：

市盈率＝股票价格÷每股收益

其中，

每股收益＝年度净利润÷总股本数

市盈率是最常用来评估股价水平是否合理的指标之一。

FQ动动脑

练一练

1. 查找关于"股票"的资料，把下列陈述中的正确说法选出来。（　　）

A. 某公司的每一股股票所代表的公司所有权是相等的，即"同股同权"

B. 我国沪深两市的上市公司数量超过了2500家

C. 中国的公司不可以到国外融资和上市

D. 公司股票上市后，一般不会因为业绩原因退市

E. 股票投资属于高风险投资

F. 中国公民目前只能投资于国内股票市场

2. 某上市公司的股票当前股价为16.8元／股，该公司上年度净利润为1.2亿元，公司股本为 1.5亿股。请计算该上市公司当前的市盈率。

3. 你同意哪种说法？ （　　　）

A. 投资于市盈率低的股票，风险更小

B. 投资于市盈率高的股票，风险更小

4. 如果只能三选一，你会选择购买哪家公司的股票？ （　　　）

A. 甲公司股票：股价21元/股，市盈率为14倍

B. 乙公司股票：股价4.2元/股，市盈率为31倍

C. 丙公司股票：16.5元/股，市盈率为36倍

小贴士

股票代码知多少

股票代码是沪深两地证券交易所给上市股票分配的数字代码。这类代码涵盖所有在交易所挂牌交易的证券。熟悉这类代码有助于增加我们对交易品种的理解。

A股代码：沪市的为600×××或60××××，深市的为000×××，中小版为00××××；两市股票代码的后3位数字均是表示股票上市的先后顺序。

B股代码：沪市的为900×××，深市的为200×××；两市股票代码的后3位数字也是表示股票上市的先后顺序。

给股东带来巨额回报的QQ

2001年，总部位于南非的媒体公司Naspers慧眼识珠，看上了一家在中国提供即时通信服务的公司——腾讯公司。经过考察，Naspers公司决定向刚刚成立才3年、还未实现盈利的腾讯公司投资3200万美元，并占有其46.5%的股份。

2004年，腾讯公司在香港挂牌上市，Naspers公司持有的股份稀释至35%。由于Naspers对腾讯的增长潜力一直深信不疑，因此，腾讯股票上市8年来，该公司一直未减持腾讯的股票。

截至2012年4月份，腾讯的股价从上市之初的3.7港元每股一路飙升至240港元每股，公司的市值达到了4440亿港元（约573亿美元）。

对于Naspers公司来说，11年前的3200万美元的投资，如今已变成了200.6亿美元（573×35%=200.6），回报率高达626倍多！

腾讯公司的股价变化图

1. 根据上文的信息，你知道腾讯的总股本是多少吗？

A. 9.5亿股   B. 19.5亿股

C. 10.5亿股

2. 如果腾讯每股股票的收益是6港元，每股股价为240元，该股票的市盈率是多少？

丘吉尔炒股记

温斯顿·丘吉尔（1874—1965年），英国政治家、演说家、作家，他于1940—1945年和1951—1955年任英国首相。

1929年7月，从财政大臣的职位上卸任后，丘吉尔如释重负。他带着自己的家人到加拿大和美国旅行。美国著名的金融投资家伯纳德·巴鲁克是丘吉尔的好朋友，他热情接待了丘吉尔，并陪同丘吉尔前往纽约证券交易所参观。进入证券交易所后，丘吉尔立刻被交易所内热闹的氛围所感染，当场决定马上开户进场炒股。

丘吉尔刚买了第一只股票后就被套牢，于是他又盯上另一只英国股票，心想：我对该公司的底细十分了解，应该可以赚钱了吧。可他最终还是输了。折腾几次后，他的账户大幅度亏损，本钱很快被折腾光了。这时，丘吉尔失去了政坛老手的坚毅和从容态度，情绪有些失控地向巴鲁克抱怨。

就在丘吉尔恼怒、悔恨之际，巴鲁克微笑着递给老朋友一份交割单，上面记录着另一个"丘吉尔"

战果辉煌的交易情况。原来巴鲁克早知丘吉尔虽在政坛上是个老手，但在股市中他不一定是高手。而且，以他过度自信的性格，被套后多半会"割肉"，以便抽出资金瞄向新的目标，所以下场多半是恶性循环，直到赔光为止。

巴鲁克为了不让丘吉尔血本无归，他事先就交代手下人为丘吉尔另开了一个账户，并指示操盘手进行与丘吉尔所做的交易完全相反的操作，即丘吉尔抛出什么，另一个账户就买入什么；丘吉尔买入什么，另一个账户就抛出什么。如果没有巴鲁克的帮助，丘吉尔恐怕连自己和家人返回英国的船票都买不起了。

对于这段教训，丘吉尔一直守口如瓶，而巴鲁克却在自己的回忆录中将其详细地记录了下来。

1. 问问爸爸妈妈，他们所知道的上市公司有哪些？

公司名称：

_____   _____

_____   _____

_____   _____

_____   _____

2. 问问爸爸妈妈：目前他们持有哪些公司的股票？

股票名称：

_____   _____

_____   _____

_____   _____

_____   _____

十、认识和了解基金

基金与股票是一回事吗

最近由于股票市场高涨（沪市不到两个月就上涨了500点），到处都能见到一些炒股人士在议论股票。

阿宝、美妞、皮喽和咕一郎也在"FQ西餐厅"与富爸爸一起谈论股票方面的话题。

美妞说："我妈妈一直看好葡萄酒行业，她所购买的西部一家葡萄酒公司的股票最近大涨了30%！"

皮喽说："我爸爸不太懂股票，他常常是听别人说哪只赚钱就买入哪只，最近手中持有的股票好像都涨了，所以他经常夸奖小卖部的牛大婶是'股神'。"

咕一郎说："我妈妈认为炒股风险比较大（自从被狐鹏表舅骗去了15万后，她在股票投资方面变得格外谨慎了），所以她主要投资于基金，最近还拿到了不少的分红。"

阿宝家一直采取"基金定投"的投资方式，也就是每个月都按固定的金额购买基金。阿宝听爸爸说，他选择的是"大盘蓝筹股票型基金"，该基金的净值最近也上涨了不少。

阿宝说："看来每个家庭不是投资股票就是投资基金，基金中又包含了股票投资。那基金与股票是一回事吗？如果不是一回事，投资基金与股票到底有什么差别？"

几个小伙伴互相看了看，似乎都有相同的疑问。于是，大家都把目光投向了坐在一旁的富爸爸。

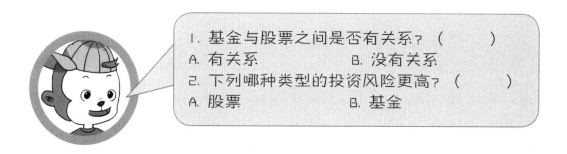

1. 基金与股票之间是否有关系？（　　　）
A. 有关系　　　　　　　B. 没有关系
2. 下列哪种类型的投资风险更高？（　　　）
A. 股票　　　　　　　B. 基金

基金及其分类

基金有广义与狭义之分。

广义的基金是指为了某种目的而设立的具有一定数量的资金，包括投资基金、养老基金、住房公积金、健康基金、公益慈善基金（如壹基金、嫣然天使基金）等。

狭义的基金是指证券投资基金，包括开放式基金、封闭式基金，它主要投资于股票、债券等。

开放式基金和封闭式基金共同构成了基金的两种基本运作方式。

开放式基金，是指基金规模不是固定不变的，而是可以随时根据市场供求情况发行新份额或被投资人赎回的投资基金。

封闭式基金，是相对于开放式基金而言的，是指基金规模在发行前已确定，在发行完毕后和规定的期限内基金规模固定不变的投资基金。

基金主要有以下几种特点：

（1）集合理财、专业管理；

（2）组合投资、分散风险；

（3）利益共享、风险共担；

（4）严格监管、信息透明；

（5）独立托管、保障安全。

FQ动动脑

练一练

1. 你是否同意如下说法：股票投资是对股票的直接投资，基金投资是对股票、债券的间接投资。（　　）

A. 同意　　　　　　　　　　B. 不同意

2. 请选择：基金的特点有（　　）

A. 专业的投资团队负责投资　　　B. 投资组合、风险分散

C. 投资收益率更高　　　　　　　D. 没有风险

3. 猜一猜：目前我国哪种基金占绝大多数？（　　）

A. 封闭式基金　　　　　　　　　B. 开放式基金

4. 封闭式基金在封闭期内能否交易？（　　）

A. 能　　　　　　　　　　　　　B. 不能

5. 交易方式：封闭式基金（　　）；开放式基金（　　）。

A. 在证券交易所上市交易　　　　B. 通过银行申购和赎回

世界上最知名的基金经理

乔治·索罗斯（George Soros）是全球最知名的股票投资基金经理。2011年7月27日，他正式宣布结束其长达40年的基金经理职业生涯。在过去40年里，他管理的基金年回报率高达20%（堪与巴菲特比肩），令其他投资专家望尘莫及。

1930年，索罗斯出身在匈牙利布达佩斯一个富裕的犹太家庭。

1953年，索罗斯从伦敦经济学院毕业后开始在伦敦的一家投资银行担任股票交易员。

1956年，索罗斯带着5000美元来到了冒险家的乐园——纽约闯荡。

1969年，索罗斯和好友罗杰斯创建了一家基金公司（索罗斯基金管理公司的前身）。公司刚开始运作时只有三个人：索罗斯是交易员，罗杰斯是研究员，还有一个秘书。不过，公司很快就在华尔街崭露头角了。

1979年，索罗斯决定将公司更名为量子基金（来源于物理学家海森伯格量子力学的测不准定律）。因为索罗斯认为市场总是处于不确定的状态，总是在波动。人们只有在这种不确定状态上下注，才能赚钱。

1992年9月，曾经作为世界主要货币之一的英镑被索罗斯盯上了。在索罗斯的一番强劲抛售后，英国央行护盘失败，英镑被迫退出欧洲货币汇率体系而自由浮动。在短短1个月内，英镑汇率下挫20%。在这次狙击英镑的过程中，索罗斯获利20亿美元，并声名大振，《经济学家》称其为"打垮了英格兰银行的人"。

1997年，索罗斯掀起了一场亚洲金融风暴，成功狙击了泰铢、马来西亚元等，人们开始叫他"金融大鳄"。

索罗斯是一个复杂的人，他以迫使英格兰银行屈服和使泰国、马来西亚人破产而恶名昭著；同时，他也因其知名慈善家（30年来，他已捐出80亿美元的资金）、政治家和哲学家等身份而备受人们的推崇。

1. 索罗斯的量子基金公司，除了投资股票外，还进行了哪些方面的投资？
2. 你如何看待索罗斯的投机行为？

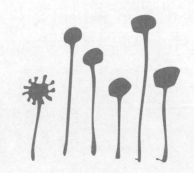

小贴士　　基金投资之"八项注意"

一要注意根据自己的风险承受能力和投资目的安排基金品种的比例。挑选最适合自己的基金，购买偏股型基金要设置投资上限。

二要注意别买错"基金"。基金火爆引得一些伪劣产品"浑水摸鱼"，要注意鉴别。

三要注意对自己的账户进行后期养护。基金虽然省心，但也不可扔着不管。经常关注基金网站新公告，以便更加全面、及时地了解自己持有的基金。

四要注意购买基金时别太在乎基金净值。因为基金的收益高低只与净值增长率有关。只要基金净值增长率保持领先，其收益自然会高。

五要注意不要"喜新厌旧"，不要盲目追捧新基金。新基金虽有价格优惠等先天优势，但老基金有长期运作的经验和较为合理的仓位，更值得关注与投资。

六要注意不要片面追买分红基金。基金分红是对投资者前期收益的返还，尽量把分红方式改成"红利再投"更为合理。

七要注意不以短期涨跌论英雄。以短期涨跌判断基金优劣显然不科学，应对基金进行多方面的综合评估及长期考察。

八要注意灵活选择稳定、省心的定投和实惠、简便的红利转投等投资策略。

FQ笔记

1. 问爸爸妈妈：

（1）家里是否进行了基金投资？

是＿＿＿＿＿＿＿＿＿＿否＿＿＿＿＿＿＿＿＿＿＿

（2）如果购买了基金，分别是哪些基金？

＿＿＿＿＿＿＿＿＿＿＿＿＿＿＿＿＿＿＿＿＿＿＿

2. 向爸爸妈妈介绍基金投资的相关知识：基金的分类、优点，以及如何进行基金投资等。

＿＿＿＿＿＿＿＿＿＿＿＿＿＿＿＿＿＿＿＿＿＿＿＿＿

＿＿＿＿＿＿＿＿＿＿＿＿＿＿＿＿＿＿＿＿＿＿＿＿＿

＿＿＿＿＿＿＿＿＿＿＿＿＿＿＿＿＿＿＿＿＿＿＿＿＿

＿＿＿＿＿＿＿＿＿＿＿＿＿＿＿＿＿＿＿＿＿＿＿＿＿

＿＿＿＿＿＿＿＿＿＿＿＿＿＿＿＿＿＿＿＿＿＿＿＿＿

十一、认识和了解债券

美妞捡到两张国库券

美妞有一项特殊的本领，她能通过鼻子准确地识别出各种币值的人民币（纸片）。刚开始，大家都半信半疑，以为美妞只是变魔术而已。后来经过多次严格测验，大家这才相信美妞果真有这样的"特异功能"。

最后富爸爸为大家揭开了谜底：人民币（纸币）是采用特殊油墨印刷的，其具体配方属于国家机密。由于不同币值的油墨配方有一定的差异，所以它们散发出来的香味各不相同，因此嗅觉超群的美妞就能够"闻香识钱"了。

有一天，美妞路过某垃圾回收站时，远远地就闻到了类似于5元纸币的香味，走近一看：一张破旧的书桌紧靠着垃圾桶，抽屉掉在了地上。美妞掀起抽屉里面泛黄的文件，看到两张印刷精美的票据。这两张票据不仅有着5元纸币特有的香味，而且其纸张大小、图案设计风格和精细程度与人民币都非常相似。票面的左边是一个壮观的体育馆，右边有几行字：

中华人民共和国 国库券 伍圆 1990年

美妞之前从来没有见过国库券，也很少听过"国库券"这个名称，因此，她不知道国库券到底有什么用。但美妞确信，特殊的油墨已经表明了国库券的身份很不一般。

于是，美妞小心地将两张国库券收了起来。

1. 你见过国库券吗？
2. 你认为国库券的用途是什么？

富爸爸告诉你

（一）什么是国库券

国库券是指国家为弥补国库收支不平衡而发行的一种政府债券。

国库券的债务人是国家，其还款保证是国家财政收入。所以，它几乎不存在信用违约风险，是金融市场上风险最小的信用工具。

国库券的期限最短的为一年。

国库券采用不记名形式，所以在转让流通时十分简单、方便。

（二）什么是债券

债券是指约定在一定期限内还本付息的有价证券，是国家或地方政府、金融机构、企业等机构直接向社会借债筹措资金时，这些政府或机构向投资者发行，并且承诺按特定利率支付利息并按约定条件偿还本金的债权债务凭证。

债券的发行主体包括国家、地方政府、金融机构和企业。

在中国，比较典型的政府债券是国库券。

练一练

1. 你是否同意如下说法：国库券就是国家向老百姓或各种社会机构借款的凭证。（　　）

　　A. 同意　　　　　　　　　B. 不同意

2. 关于国库券的正确说法有（　　　）

A. 国库券是一种债券

B. 国库券的利息率高于银行存款利率

C. 国库券的收益高于银行存款

D. 国库券的违约风险极低

E. 如果国库券是分期付息的（比如每年付息一次），其利息相当于复利

3. 把以下投资方式根据投资风险程度从低到高进行排序（　　　）

A. 股票　　　　B. 基金　　　　C. 国库券

D. 银行债券　　　　　　　　E. 企业债券

4. 根据债券的利息率水平，从高到低排序（　　　）

A. 国库券　　B. 银行债券　　C. 企业债券

5. 判断正误

（1）债券的形态既可以是实物的，又可以是记账式的。（　　　）

（2）一个国家的政府可以购买另一个国家政府发行的债券。（　　　）

美国国债逼近"法定债务上限"

2011年12月，美国国会为美国政府设定的最新"法定债务上限"为16.4万亿美元。

截至2012年9月7日，美国国债突破了16万亿美元大关。当时，有不少经济学家指出：美国政府的债务仍将与日俱增。截至11月20日，美国国债余额上升至16.25万亿美元。因此，有人预测：在年底之前，美国国债规模就会上升至"法定债务上限"。

目前，持有美国国债的最大"债主"是中国，持有量为1.15万亿美元；排在第2位的是日本，其持有量

为1.12万亿美元。

在欧洲一些国家（希腊、西班牙、葡萄牙、意大利等）的主权债务危机越陷越深之际，人们不禁对美国政府日益庞大的债务规模忧心忡忡。

面对高筑的债台，美国政府拟推行增加税收、减少财政支出等政策，以期控制债务上涨的势头。对于美国政府的减债计划，是否可行和有效，人们拭目以待。

1. 什么是主权债务危机？
2. 为了有效降低政府的债务规模，你有哪些好的建议？

小贴士

可转换公司债券

可转换债券是"可转换公司债券"的简称，它是一种可以在特定时间、按特定条件转换为普通股票的特殊企业债券。

可转换债券有如下特点：

1. 债权性

与其他债券一样，可转换债券也有规定的利率和期限，投资者可以选择持有债券到期，收取本息。

2. 股权性

可转换债券在转换成股票之前是纯粹的债券；但在转换成股票之后，原债券持有人就由债权人变成了公司的股东。

3. 可转换

可转换性是可转换债券的重要标志。债券持有人可以按约定的条件将债券转换成股票，也可以选择不转换（继续持有债券，直到偿还期满时收取本金和利息）。

练一练

甲上市公司于2012年3月1日发行了面值为1元的可转换公司债券，有效期为3年，利息率比市场利率略低，在到期前的6个月内，可以按照9元/股的价格转换成普通股股票。

1. 如果到期前的6个月期间，股票价格为8.5元左右，你会将持有的可转换公司债券转换成普通股股票吗？为什么？

_____

_____

_____

_____

2. 如果到期前的6个月期间，股票价格为9.5元左右，你会将持有的可转换公司债券转换成普通股股票吗？如果转换，4.5万元的可转换公司债券能转成多少股？

_____

_____

_____

_____

FQ笔记

1. 问爸爸妈妈：

（1）家里是否购买了国库券？

是＿＿＿＿＿＿＿＿＿否＿＿＿＿＿＿＿＿＿

（2）如果购买了国库券，它是＿＿＿年期的，年利息

率是＿＿＿%。

2. 与爸爸妈妈讨论：购买国库券有哪些优点？

＿＿＿＿＿＿＿＿＿＿＿＿＿＿＿＿＿＿＿＿＿＿＿＿＿

＿＿＿＿＿＿＿＿＿＿＿＿＿＿＿＿＿＿＿＿＿＿＿＿＿

＿＿＿＿＿＿＿＿＿＿＿＿＿＿＿＿＿＿＿＿＿＿＿＿＿

＿＿＿＿＿＿＿＿＿＿＿＿＿＿＿＿＿＿＿＿＿＿＿＿＿

＿＿＿＿＿＿＿＿＿＿＿＿＿＿＿＿＿＿＿＿＿＿＿＿＿

＿＿＿＿＿＿＿＿＿＿＿＿＿＿＿＿＿＿＿＿＿＿＿＿＿

＿＿＿＿＿＿＿＿＿＿＿＿＿＿＿＿＿＿＿＿＿＿＿＿＿

十二、买房子是投资吗

皮喽家出租的商铺开业了

周日上午，皮喽和妈妈应邀出席了一个隆重的商铺开业仪式。

原来，皮喽妈妈在新开的名优特产交易市场购买了一个商铺（20平方米，每平方米单价3.5万元），然后她以每月4000元的价格租给了一个来自贵州销售都匀毛尖茶的茶商。

在开业仪式上，皮喽看到十几个身穿民族服装的大姐姐，她们表演的欢快的采茶歌舞赢得了在场观众的阵阵掌声。她们还应顾客的要求，为大家表演了本民族的"侗族大歌"（世界非物质文化遗产之一）。虽然大家不知道歌词大意，但"侗族大歌"那优美的旋律、奇妙的和声（复调式多声部合唱）让在场的所有人如痴如醉。茶叶店的开业仪式很快演变成了一个"打歌"的歌会，引来了整个交易市场商户、顾客的围观。最后，这位贵州茶商邀请客人们品尝清香四溢、色泽澄清透亮的毛尖茶。

等客人逐渐散去后，皮喽终于可以和茶叶店老板黄阿姨聊聊天了。皮喽最想打听的是她是否认识毛毛。当黄阿姨说她不认识毛毛时，皮喽感到很失望。但是当得知毛毛的爸爸也是种植都匀毛尖茶的时候，黄阿姨说："这就好办了，我每年5月份和10月份会到茶园收茶，下次去的时候，我可以帮你打听一下。"

皮喽向黄阿姨道完谢后，就走出茶叶店到交易市场的其他店面看了看。皮喽发现，上百家店面大多都在营业，个别店面在装修之中，这里来来往往的顾客很多，不少店面前已经排起了长队。

看着市场内热闹的场面，皮喽不禁开始佩服妈妈的投资眼光和魄力。当初购买商铺时，由于家里的积累不够，妈妈不得不向银行申请40万元的抵押贷款。如果店铺无法出租，家里就将背上沉重的债务负担，所以，不少好友都劝妈妈要慎重。结果，妈妈顶住了压力，申请了一笔20年期的银行贷款（40万元）将这个铺面买了下来。

1. 如果皮喽妈妈每月向银行还款的金额为2500元，而且每年这家商铺所缴纳的房租及其他费用共计5万元，计算一下：她购买这个商铺的投资收益率是多少？
（投资收益率=每年获得的净收入÷原始投资的比值）
2. 如果皮喽妈妈无法将商铺出租，且无力承担每月的银行贷款，皮喽家将会出现什么情况？

什么是房产投资

　　房产投资就是指将资金投向住宅、商铺、车位等，以获取报酬为目的的行为。

　　房产投资有时也称为"房地产投资"，但房地产投资还包括了房地产开发业务，范围更广一些。

FQ动动脑

练一练

　　1. 下面哪种说法是正确的？（　　）

　　A. 房产投资风险小、收益大

　　B. 房产投资因为可以得到银行的贷款支持而获得"杠杆效应"

　　C. 房产投资中，商铺的投资风险高于住宅投资

　　D. 房产投资中，商铺投资比住宅投资更赚钱

2. 房产投资总收益来自于 （　　）

A. 租金收入　　　　B. 房产增值

C. 租金上涨　　　　D. 物价上涨

3. 房产税的征收，将对房产投资产生什么样的影响？（　　）

A. 没有影响　　　　B. 积极的影响

C. 消极的影响　　　D. 不确定

4. 假设有一套两室一厅的住宅，首付40万元，余款由银行提供按揭贷款，月现金流为－2000元（月现金流=月度租金收入－银行贷款的月还款额）。经过该小区的地铁线路正在规划中。如果你有购买能力，你会购买这套房产吗？为什么？

房地产投资经典故事

李嘉诚25岁创办了自己的企业——长江塑胶厂，开始生产塑胶花。5年后，"长江"逐渐成为全世界数一数二的大型塑胶花厂，李嘉诚被同行冠以"塑胶花大王"的雅号。

生意越做越大，烦心事也随之增多：李嘉诚所租用的厂房的业主趁机把租金大幅度提高，甚至高到让人难以接受的程度。面对业主的这一不合理要求，李嘉诚决定自建厂房。

1958年，他通过投标获得了一块地皮，然后在这块地皮上兴建了一幢12层高的工业大厦。除了留几层自用外，他把其余的楼层都出租给其他工厂。

没过多久，香港房地产价格大幅上涨，李嘉诚拥有的工业大厦身价倍增。此时，李嘉诚发觉房地产行业大有可为，于是拿出专项资金，开始布局房地产业务。

到了20世纪60年代中期，香港的房地产在经历了一场狂炒后，房价、地价一落千丈。人们纷纷抛售地皮和房产。在一片恐慌之中，李嘉诚认定房地产价格将会有再度回升的一天，就采取了"人弃我取"的策略，低价收购大量地皮和旧楼，全部用于兴建工业大厦。短短两年，李嘉诚在观塘、柴湾及黄竹坑等地就拥有了多栋工业大厦，并陆续将其出租。不久，大批当年离港的商家纷纷回流，香港的房地产价格在短期内又回到前期的高位。李嘉诚在这次房地产危机中的果断出击，为他带来了丰厚的回报。

为了加大房地产开发的力度，李嘉诚正式成立了负责房地产业务的"长江置业有限公司"（一年后更名为长江实业有限公司），并制定了"成为香港最大的房地产公司"这一宏伟目标。

1. 李嘉诚涉足房地产投资的初期，他主要在什么领域投资？
2. 李嘉诚的房地产投资成功经验给我们带来哪些启示？

小贴士

房产投资秘诀

房地产界有一句几乎是亘古不变的名言：第一是地段，第二是地段，第三还是地段。

作为房地结合物的房地产，其房子部分在一定时期内，建造成本是相对固定的，因而一般不会引起房地产价格的大幅度波动；而作为不可再生资源的土地，其价格却是不断上升的，房地产价格的上升也多半是由于地价的上升造成的。在一个城市中，好的地段是十分有限的，因而更具升值潜力。所以，在好的地段投资房产，虽然购入价格可能相对较高，但由于它比别处有更强的升值潜力，因而也必将获得可观的回报。

洛克菲勒家族赠给联合国一块地皮

第二次世界大战结束后，以美、英、法为首的战胜国决定成立一个协调处理世界事务的联合国，地点就选在美国的纽约市。一切准备就绪之后，大家才猛然发现，这个全球最权威的世界性组织，竟没有自己的立足之地。

刚刚成立的联合国当时身无分文，又不便向刚经历了战争浩劫的会员国伸手，因此，在寸土寸金的纽约筹资买地、盖楼一事，让联合国的负责人一筹莫展。

得知这一消息后，洛克菲勒家族经过商议，马上果断出资870万美元，在纽约的曼哈顿区买下一块地皮，并将这块地皮无条件地赠予了这个刚刚挂牌的国际性组织——联合国。

对于洛克菲勒家族的这一出人意料之举，许多美国大财团吃惊不已。870万美元，对于战后经济萎靡的美国和全世界来说，的确是一笔数目不小的款项，而洛克菲勒家族却将它拱手赠出了，而且什么附加条件也没有。因此，洛克菲勒家族的这一义举引来了不少美国财团的嘲笑"这简直是蠢人之举",并纷纷断言"这样下去用不了１０年,富有的洛克菲勒家族便会沦落为贫民"。

联合国总部大楼建成完工后,毗邻它四周的房地产价格便立刻飙升起来。人们不禁羡慕起周围那些业主们的好运气来。很快,大家了解到,业主们有一个共同的名字——洛克菲勒。原来,洛克菲勒家族在买下联合国总部大楼的地皮时,一并将毗邻这块地皮的土地、房产都买了下来。

那些曾讥讽和嘲笑过洛克菲勒家族的财团,开始反思自己没有洛克菲勒那样的智慧和眼光。

　　问爸爸妈妈：近期家庭投资计划中是否有关于房产(住宅、商铺等)方面的投资计划? 如果有，请帮助爸爸妈妈计算该项房产的投资收益率（可能出现负的投资收益率）。

_____

_____

_____

_____

_____

_____

_____

_____

_____

_____

_____

十三、什么是贵金属投资

美妞妈妈抢购黄金首饰

随着美国第三轮量化宽松政策（QE3）的实施，美国向市场多投放了数万亿美元的货币，进一步加重了人们对美元大幅贬值的担忧和对本国通货膨胀的预期。为了抵御通货膨胀，人们纷纷抢购黄金，国际黄金价格一路走高。

在周围一片谈论黄金、购买黄金的声浪中，美妞妈妈也沉不住气了。她将已经到期及尚未到期的定期存款转为活期，并用这些存款在一家大型商场购买了3条金项链、4只金手镯、5枚金戒指，还有两对大大的金耳环。

晚上回到家，美妞妈妈将这些金首饰包装好后，小心地放到一个带锁的楠木盒子里，然后放到了高高的大衣柜柜顶上。

看到妈妈将首饰收藏了起来，美妞感到很奇怪，于是问道："妈妈，项链、戒指、耳环不是应该放到首饰盒里吗？这样戴的时候才方便拿呀！"

妈妈笑着，说道："傻孩子，妈妈买这些黄金首饰属于投资，是为了使手中的资产保值，而不是用来戴的。"

美妞说："投资？哎呀，你怎么不早说呀？黄金首饰不适合用于投资，我们财商老师刚讲过的。"

妈妈说："现在大家都在买黄金，这还有错？而且通货膨胀是必然趋势，黄金正好可以让资产保值增值！你们财商老师是不是搞错了？或者是你记错了？"

美妞说："妈妈，你耐心地听我解释一下。"

看着美妞自信的眼神，妈妈说："好吧，那我就听听你这位小财商专家有何高见。"

1. 你赞同美妞妈妈购买黄金首饰做投资这一行为吗？（　　　）
A. 赞同　　　　　B. 不赞同
2. 为什么美妞说黄金首饰不适合做投资呢？
3. 如果黄金首饰不适合做投资，那我们应该如何选择黄金品种进行投资呢？

什么是贵金属投资

贵金属主要指金、银和铂族金属（钌、铑、钯、锇、铱、铂）等8种金属元素。贵金属大多数都拥有美丽的色泽，对化学药品的抵抗力相当大，且保值性强。而在贵金属投资中主要是以黄金、白银、铂金、钯金为主。

贵金属投资分为实物投资和电子盘交易投资两大类。

（1）实物投资：投资者可以得到真实的货物（黄金、白银等）；

（2）电子盘交易投资：只是在账户中记账（买进和卖出），一般没有实物。

FQ动动脑

练一练

1. 你认为贵金属成为投资品的原因有哪些？（   ）

A. 稀缺性　　　　　B. 拥有美丽的色泽

C. 稳定的化学性质与良好的机械延展性

D. 保值功能　　　　E. 良好的升值空间

F. 有工业用途

2. 你认为国际黄金（现货）交易市场具有哪些特点？（   ）

A. 交易规模大　　　　B. 24小时交易

C. 无人坐庄和操控　　D. 没有风险

FQ超链接

贵金属到底有多贵

　　为了学习和了解贵金属的投资知识，阿宝、美妞、皮喽和咕一郎一同来到了学校附近的一家银行。

银行的理财经理黄叔叔得知他们的来意后，向他们简单地介绍了贵金属投资的基本知识和操作方法，并向他们展示了电子交易账户贵金属的行情。

贵金属行情 美元账户：美元／盎司；人民币账户：元／克				
品种	涨跌方向	银行买入价	银行卖出价	中间价
人民币账户黄金	⬇	341.07	341.77	341.42
人民币账户白银	⬇	6.65	6.69	6.67
人民币账户铂金	⬇	317.65	320.05	318.85
人民币账户钯金	⬇	135.03	137.43	136.23
美元账户黄金	⬇	1707.95	1710.95	1709.45
美元账户白银	⬇	33.31	33.46	33.38
美元账户铂金	⬇	1590.5	1602.5	1596.5
美元账户钯金	⬇	676.1	688.1	682.1

皮喽说："当前的黄金价格是341元／克，那么，每千克的黄金价值人民币34.1万元。看来黄金确实很值钱！"

美妞说："我发现了一个问题，铂金比黄金更加稀缺，而其原来的价格也比黄金高出很多。现在，每克铂金的价格居然比黄金便宜20多元，1000克就相差2万多元。"

黄叔叔用赞赏的眼光对美妞说道："美妞说得对。我最近经常向客户推荐铂金，我认为铂金未来有较大的升值空间。"

咕一郎问道："美元账户的黄金价格与人民币账户的黄金价格是一致的吗？"

黄叔叔说："是的，价格时时都在波动，但两个账户的价格是完全一致的。国际市场是按每盎司（金衡制）来报价的，你们知道一盎司（金衡制）等于多少克吗？"

　　咕一郎歪着脑袋想了想，说："不知道。"

　　阿宝说："如果知道了当前的人民币对美元的汇率，我可以推算出来。"

　　黄叔叔马上查了一下外汇行情，当前的美元对人民币是1美元兑6.21元人民币。

　　阿宝向黄叔叔借了纸和笔，用了不到两分钟，就推算出来了。

　　得知阿宝的计算结果，黄叔叔满意地点了点头。

1. 计算：1（金衡制）盎司约等于多少克？（　　　　）

A. 21克　　　　　　B. 31克　　C. 41克

2. 如果国际黄金（伦敦金）价格维持稳定，人民币出现升值，那么人民币账户的黄金报价是上升还是下降？

A. 上升　　　　　　B. 下降

3. 在未来2-3年，你认为黄金价格是上涨还是下跌？

A. 上涨　　　　　　B. 下跌

小贴士

贵金属投资十大优势

（1）增值保值，规避风险；

（2）税收的相对优势；

（3）世界上公认的最佳抵押品种；

（4）产权转移便利；

（5）产品单一，省去选股这一难点；

（6）金价波动大，获利机率大；

（7）交易时间长，24小时不间断交易，增加获利机会，交易时间宽松；

（8）交易方式便利，不与工作时间、地点相冲突；

（9）允许投资者进行多次交易；

（10）风险可控性强，没有庄家控盘，比股市容易控制。

1. 问爸爸妈妈，他们对贵金属投资了解多少？如果爸爸妈妈不太了解这方面的知识，你可以将课堂中所学内容介绍给他们。

2. 贵金属投资能够比较好地实现财富的保值功能。如果市场对通货膨胀的预期较高，给家长提出进行贵金属投资的建议。

_____

_____

_____

_____

_____

_____

_____

_____

_____

_____

十四、收藏也是一种投资

"观复博物馆" 的精美藏品

天气越来越冷了，美妞建议以后周末的集体活动改为室内活动。阿宝在《百家讲坛》栏目看过有关"观复博物馆"的介绍，于是推荐大家去参观这个由著名的收藏家创办的个人博物馆。

周六上午9点整，美妞、皮喽和咕一郎准时来到了观复博物馆，看到阿宝正拿着门票站在门口等他们。皮喽发现，除了来此参观的人，在文物鉴定窗口还有十几个人在排队，他们手里拿着字画、瓷碗、瓷瓶、香炉、笔筒等物品。

阿宝他们首先来到陶瓷馆，参观了从宋代至清代1000多年间来自古代官窑、民窑的100多件瓷器。它们都是宋元明清时期五大名窑（汝窑、钧窑、官窑、哥窑、定窑）最具代表性的器物。随后，他们来到了家具馆，看到很多明清时期的古家具。这些家具造型古朴典雅、做工精巧、材质名贵（红木、紫檀、黄花梨等），咕一郎一直啧啧称奇。

在看过工艺馆、油画馆后，他们来到了宋代生活

体验馆。馆内规定参观者必须换上宋代服饰，男士是灰色长袍加方桶形的帽子（俗称东坡巾），女士是浅色宽袖披肩加长裙。由于场景逼真，大家仿佛真的穿越到了宋朝，然后以轻松愉快的心情体验了当时百姓的家居生活，并到繁华的集市做买卖，使用当时市场上流通的货币"交子"这一世界上最早的纸币。

当大家花3个小时参观体验完之后，有幸见到了这个博物馆的主人——马未都先生。马先生曾经当过车间工人、文艺青年，后来因喜爱古代家具、瓷器等开始加入收藏活动。这个藏品精美、价值数亿、陈列有序、活泼有趣的博物馆完全靠马先生一己之力，一件一件地收集而来。为了让更多的人有机会欣赏到珍贵的藏品和源远流长的中国传统文化，马先生将会捐出博物馆内的全部藏品。

听到这些，大家不由得既惊奇又佩服，同时觉得今天的游览收获颇多。

1. 你参观过哪些博物馆？
2. 你周围有没有喜欢收藏的人？
3. 你曾经收藏过哪些物品？

富爸爸告诉你

什么是收藏

收藏是指搜集、储存、保护某种物品的活动。

收藏最初源于个人喜好，目前成为一种投资方式。

收藏应具有专业知识，因为目前市场上的古瓷器、古字画等99.9%以上是后人仿造的赝品。

FQ动动脑

练一练

1.你之前是否听说过"乱世黄金，盛世收藏"这一说法？（　　）

A. 听说过　　　　B. 没听说过

2. 下面哪些物品可以用来收藏？（　　）

A. 钱币　　　B. 邮品　　　C. 瓷器

D. 家具　　　E. 书画　　　F. 钟表　　　G. 连环画

最贵的图书

达·芬奇（1452—1519年）是意大利文艺复兴三杰之一，学识渊博、多才多艺。他离开人世时，不仅给世人留下了伟大的绘画作品（《蒙娜丽莎》《岩间圣母》《最后的晚餐》等），而且还留下了长达1.3万页的科学笔记和设计手稿。

1994年，时任微软总裁的比尔·盖茨以3080万美元的价格拍得了达·芬奇的科学手稿（由于年代久远，手稿只剩下7000多页），令这部手稿成为全球最贵的"图书"。

比尔·盖茨以重金拍下达·芬奇手稿的举动让意大利人感到失望，因为他们希望手稿能留在意大利。拍卖会结束后，有人建议比尔·盖茨把手稿归还给意大利人。比尔·盖茨回答道："没错，达·芬奇是意大利人，但是他的智慧和遗产应该属于全人类。"

基于这一理念，比尔·盖茨并没有把这份手稿私藏在家，而是慷慨地借给世界各地的博物馆展览，第一站即为意大利。为了让更多的人欣赏到

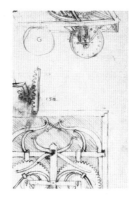

达·芬奇手稿内容点滴

达·芬奇的手稿，比尔·盖茨很快将手稿内容制成了VCD，然后以每张50美元的价格推向市场，销量旋即超过了100万套，比尔·盖茨在很短的时间内就获得了超过100%的投资回报率。

比尔·盖茨不仅是一位优秀的软件开发者、成功的企业家，还有可能成为一名蜚声世界的收藏品投资家。

1. 你认为比尔·盖茨以3080万美元购得达·芬奇手稿，是"买贵了"还是"买便宜"了？为什么？
2. 对于比尔·盖茨将达·芬奇手稿制作成VCD，并推向市场的做法，你有何评价？

凡·高的《鸢尾花》

文森特·威廉·凡·高（1853—1890年）是荷兰后印象派画家。由于受精神疾病和贫困的困扰，1890年7月，凡·高在美丽的法国瓦兹河畔结束了其年轻的生命（年仅37岁）。

在离开人世的前一年，凡·高创作了《鸢尾花》，并将其无偿地送给了一位朋友。3年后，凡·高的这位朋友以300法郎的价格将这幅画卖给了一位评论家，他是凡·高作品的最初赏识者。

如同凡·高的其他画作（《向日葵》《星空》等）一样，《鸢尾花》的收藏者也数易其主，并且被人从欧洲带到了美洲。

凡·高画作《鸢尾花》

收藏《鸢尾花》的盖蒂博物馆

1947年，美国人培森以8万美元购得《鸢尾花》，并将其长期收藏。1988年，培森家族决定出售《鸢尾花》，并由佳士得拍卖行来拍卖。经过多轮竞价，美国著名的盖蒂博物馆以5390万美元竞得此画，并将其作为镇馆之宝之一永久收藏。

对于培森家族而言，通过收藏《鸢尾花》而得到了670多倍的回报。

1. 问爸爸妈妈，他们对"收藏"了解多少？如果爸爸妈妈对此不太了解，你可以将课堂上所学的内容讲给他们听。

2. 如果爸爸妈妈在瓷器、绘画、书法、邮票、钱币、古典家具、玉石、图书等方面有一定的爱好和专业知识，向他们提出一些收藏投资的建议。同时，别忘了提醒他们不要有贪念和"捡漏"的侥幸心理。

十五、家庭需要购买哪些保险

要不要买"学平险"

周五上午，学校给同学们发了一份"自愿购买学生平安综合险"的通知单，并附有回执单，要求学生家长确认是否愿意购买。

下班回家后，皮喽爸爸看到了皮喽放在饭桌上的通知单。皮喽从学校带回家的各种通知一般都是爸爸看完后签字。所以，皮喽爸爸习惯性地拿起笔准备签字。他一边浏览通知单内容一边自言自语道："这个保险没什么用，不用买了吧。"

皮喽妈妈端着炒好的菜往餐桌上放，恰好听到皮喽爸爸刚才所说的内容。皮喽妈妈马上警觉地问："什么保险不用买了？"

之前皮喽妈妈对保险也不是太关心，自从皮喽爸爸开卡车跑运输后，她就对皮喽爸爸的安全多了一份担心，也对保险有了新的认识。就在上个月，皮喽爸爸因疲劳驾驶，将一辆小轿车撞到了高速公路的护栏上，小轿车上的一家三口均有不同程度的受伤，汽车也基本报废了。好在年初的时候，在皮喽妈妈的坚持下，皮喽爸爸除了为卡车购买了交通强制险（交强险）外，还投了第三者责任险、车上人员责任险、车损险、全车盗抢险等。所以，在此次交通事故发生后，基本上由保险公司负责理赔所有损失。皮喽爸爸妈妈只是去探望了几次受害人，并给他们家送去了一些慰问品；否则，皮喽家将会陷入严重的财务困境中。

正是由于上次交通事故的教训，皮喽爸爸在增强交通安全意识的同时，对保险合同条款也有了一些研究。他发现：保险合同是非常严谨的，甚至是苛刻的，保险公司在合同中设定了一系列免赔条款，以至于理赔的范围实际上很小。保险人购买某保险后才发现，很多时候并没有买到自认为可以得到的保障。如2012年夏天的一场暴雨后，很多车因浸泡在水中而导致发动机损坏。保险公司表示，发动机进水损坏系免责条款，因此不予理赔。关于"学生平安综合保险"，他也有所了解，主要是针对学生在校期间的健康、安全所提供一定的保障，放学后的意外伤害就不在此保险的保障范围内。

尽管皮喽妈妈也认同"学生平安综合险"可买可不买，但她认为，皮喽活泼好动，比阿宝、美妞他们就多了几分危险，因此，皮喽妈妈坚持要为皮喽购买"学生平安综合保险"。

1. 你之前听说过哪些保险公司?
2. 关于保险公司的分类,你最赞同哪种分法?(　　　　)
A. 寿险、财险
B. 国内、国际、中外合资
C. 国有、民营、中外合资
D. 大型、中型、小型
3. 调查:家庭成员都购买了哪些保险?

富爸爸告诉你

什么是保险

保险(insurance)是指投保人根据合同约定,向保险人支付保险费,保险人对于合同约定的可能发生的事故因其发生所造成的财产损失承担赔偿保险金责任,或者当被保险人死亡、伤残、疾病或者达到合同约定的年龄、期限时承担给付保险金责任的商业保险行为。

购买保险的目的,是为了获得一定的保障。

商业保险大致可分为财产保险、人身保险、责任保险、信用保险、津贴型保险、海上保险这几类。

FQ动动脑

练一练

1. 在家庭收入一定的情况下，家庭中应该优先为谁购买保险？（　　）

A. 爷爷奶奶　　　　B. 爸爸妈妈　　　　C. 孩子

2. 家庭购买保险时应遵循什么样的顺序？（　　　）

A. 健康　　　B. 意外　　　C. 教育

D. 医疗（指补充商业医疗保险）

3. 如果只允许购买一种保险，一般家庭会选择哪一种保险？（　　）

A. 健康　　　　B. 意外　　　　C. 教育

D. 医疗（指补充商业医疗保险）　　　　E. 投资类保险

明星们的疯狂保单

明星们最有价值的"生财工具"就是自己的身体，为了防止意外事故导致身体受伤，他们往往不惜重金对自己身体的重要部位——手指、美腿甚至微笑进行投保。

美国某媒体曾列出了一个"最疯狂明星保单"排行榜。

排名第一的是美国歌坛天后玛丽亚·凯里。她虽是一名"金嗓天后"，但并没有为自己的歌喉投保，而是为自己的一双腿投保。据悉，玛丽亚·凯里2006年曾为一家公司的"美腿女神"运动代言，

为了保住自己的代言人位置，凯里不惜重金为自己的一双腿投保了10亿美元。

名列第二位的是英国足坛偶像大卫·贝克汉姆，他为自己的整个身体投保1.95亿美元。为了防止意外事故导致自己身体受伤，大卫·贝克汉姆出重金购买了这份世界体育史上最昂贵的个人保险单。根据保险合同，如果身体受伤、发生重病甚至脸部毁容，大卫·贝克汉姆将可以获得保险公司的高额赔偿。之所以要将脸部包括进来，是因为他的许多代言合约主要是依靠他的外貌。

排名第五的是美国电视剧《丑女贝蒂》主演阿梅丽卡·费雷拉。她投保的则不是任何身体部位，而是自己的微笑，她为自己的微笑投保了1000万美元。

1. 明星们为什么如此"疯狂"地购买保单？
2. 为什么疯狂保单能给予明星们以"保障"？

社会保险

1. 什么是社会保险？

社会保险是指由政府来组织和实施的社会保障制度和措施，以增加公民的生活保障和增进社会稳定性。

2. 社会保险包括哪些？

社会保险的主要项目包括养老社会保险、医疗社会保险、失业保险、工伤保险和生育保险等。

3. 社会保险与商业保险有什么不同？

社会保险与商业保险有很大的差异，两者最主要的差异有以下两点：

（1）目的不同：社会保险是为社会成员提供必要时的基本保障，不以盈利为目的；商业保险则是保险公司的商业化运作，以盈利为目的。

（2）实施方式不同：社会保险是通过国家立法强制实施的；商业保险是遵循"契约自由"的原则，由投保人自愿投保。

1. 问爸爸妈妈，他们是否了解什么是社会保险及社会保险包括哪些内容？如果他们不是很清楚，你可将课程中相关内容为他们简单介绍一下。

2. 问爸爸妈妈：他们是否准备购买商业保险？提醒爸爸妈妈在购买保险时，不要轻信保险业务员的各种说辞或承诺，而是要仔细阅读并理解保险合同的所有条款。

_____

_____

_____

_____

_____

_____

_____

_____

十六、如何进行外汇投资

日本地震导致日元汇率上涨

周六上午，阿宝、美妞、皮喽和咕一郎再次相聚在富爸爸的"FQ西餐厅"。当他们谈到应该建议父母购买意外险还是健康险时，电视上插播的一条新闻让他们停止了讨论。

这是一条关于日本发生强烈地震的新闻：根据中国地震台网的测定，在5分钟前，日本东部沿海地区发生了里氏7.4级地震，震源深度为20公里，此次地震将引发海啸，目前暂无人员伤亡的报道。

在新闻报道的最后，还提到了此次地震对外汇市场的影响：地震发生后，国际外汇市场当即出现大幅波动，日元全盘快速上涨，美元兑日元迅速降至82.16。

这则新闻引起了大家的关注，同时也让大家产生了一连串的疑问：什么是外汇市场？为什么外汇市场在周末也不"休息"？为什么地震作为一场灾难反而使日元汇率上涨（升值）？

这时，恰好富爸爸走了过来，皮喽连珠炮似地向富爸爸提出来好多问题。

于是，富爸爸问大家："你们都学习过外汇、汇率方面的知识了吧？"

皮喽率先点了点头。

美妞说："学过，昨天我还看到美元对人民币的汇率都快接近1：6了。"

富爸爸说："外汇市场就是进行外汇交易的市场。这个市场开始于1971年。那一年，美国宣布美元与黄金脱钩，美元不能再直接兑换成等值黄金了，也就是说美元对黄金的价格不再是固定不变的。美元脱离'金本位制'后，也导致了世界各国货币间汇率的自由波动（之前是固定的）。汇率出现波动后，就会出现'差价'，这就给了人们投机的机会，从而推动了外汇市场的发展。全球外汇市场是由世界各国的银行、外汇交易商（经纪人）、进出口商及个人投资者等组成的市场，这是一个通过电脑系统 '全天候'24小时连续交易的市场。关于外汇汇率的变动方向，它是受多方面的因素影响的。大家可以推测一下，想想有哪些原因推动了当前日元汇率的上升？"

1. 上文提到"国际外汇市场上日元汇率上涨"，你认为造成这一结果的原因可能有哪些？
2. 以下市场中，哪个市场的日交易量比较大？（　　　）
A. 全球股票及债券市场
B. 全球外汇市场

富爸爸告诉你

什么是外汇投资

外汇投资是指投资者为了获取投资收益而进行的不同货币之间的兑换行为。外汇是"国际汇兑"的简称，有动态和静态两种含义。动态的含义是指把一国货币兑换为另一国货币，借以清偿国与国之间债权债务关系的一种专门的经营活动。静态的含义是指可用于国与国之间结算的外国货币及以外币表示的资产。我们通常所说的"外汇"是就其静态含义而言的。其具有风险较大但风险可控、操作灵活、杠杆比率大、收益高等特点。

一般通过银行开立外汇交易账户即可交易。交易方式分为实盘交易（杠杆比例1∶1）、保证金交易（杠杆比例为1∶100）两种。

FQ动动脑

练一练

1. 国际外汇市场有哪些特点?（　　　）

A. 24小时全球性交易

B. 交易方式公平、公正，没有庄家操控

C. 成交量大 　　　　D. 风险可控

E. 单向交易 　　　　F. 投资成本高

2. 外汇投资有哪些特点?（　　　）

A. 可以小博大 　　　　B. 可双向操作，买空卖空

C. 买卖随时进行、交易瞬间完成

D. 风险可控 　　　　E. 稳赚不赔

3. 下列货币中，属于外汇市场的主要货币（交易量前10位）有哪些?（　　　）

A. 美元 　　　B. 欧元 　　　C. 澳大利亚元

D. 英镑 　　　E. 日元 　　　F. 瑞士法郎

G. 人民币 　　　H. 俄罗斯卢布

小贴士

什么是外汇的保证金交易

外汇保证金交易是指通过与银行签约，开立信托投资账户，存入一笔资金（保证金）作为担保，由银行设定信用操作额度（即20~200倍的杠杆效应）。投资者可在额度内自由买卖同等价值的即期外汇，操作所造成之损益，自动从上述投资账户内扣除或存入。

外汇保证金交易机制可以让小额投资者利用较少的资金获得较大的交易额度，和全球资本一样享有运用外汇交易作为规避风险之用，并在汇率变动中创造利润机会。

若保证金融资比例为100倍，即最低的保证金要求是1%，投资者只需1000美元就可以进行高达10万美元的交易，充分利用了以小搏大的杠杆效用。

除了资金放大之外，外汇保证金投资方式的另一项最吸引人的特色是可以进行双向操作。投资者可以在货币上升时买入获利（做多头），也可以在货币下跌时卖出获利（做空头），从而不必受到所谓的熊市中无法赚钱的限制，为投资者提供了更大的盈利空间和机会。

外汇保证金交易主要有哪两大特点?

特点1: _____

特点2: _____

金先生的外汇投资秘诀

金先生10年前开始进入外汇交易市场。当时，因为女儿要出国留学，需要外汇，金先生不得不从股市中退出来转而一门心思炒外汇。

刚开始从"股民"转为"汇民"时，金先生老把握不准外汇市场的节拍，因此刚开始他赔了不少钱。最后，他决定退出外汇市场观望一段时间，并开始利用模拟盘来操练。等他感觉能够跟上外汇市场的变化节奏、并且训练出了平和的心态后，他再次投入资金进入外汇市场。这次，金先生他大获成功。他发现：节拍踏对了，钱就会自己送上门来。

在外汇市场摸爬滚打多年后，金先生的最大心得是一定要遵守自己制定的操作规则，最忌讳的则是因贪心而违反自己制定的规则。在这一点上，他曾经付出了沉重的代价。

当人们纷纷向金先生请教外汇市场投资的秘诀时，他将自己10年来的经验进行了认真的总结。最近，他为初涉外汇投资领域的"汇民"提出了如下忠告和建议：

1. 以闲余资金投资；

2. 保持良好的心态，切忌冲动或抱有情绪化倾向；

3. 戒贪念，抛弃"一夜暴富"的幻想；

4. 定下"止损位置"，以控制风险和保住本金；

5. 不能肯定时，暂时退出观望；

6. 要有自己的主见和判断；

7. 按计划操作，不轻易改变主意；

8. 要有耐心。

1. 参考金先生的8条建议，从中选出你认为进行外汇投资时最重要的3条。

2. 如果中国对美国的贸易顺差扩大，这将导致人民币升值还是贬值？在这种情况下，如果你持有1万美元，你将作出什么样的投资决策？

3. 如果美国的就业率不断提升，这将导致美元升值还是贬值？在这种情况下，如果你持有1万美元，你将作出什么样的投资决策？

4. 如果欧洲中央银行宣布将加息，这将导致欧元汇率上升还是下降？在这种情况下，如果你持有10万人民币，你将作出什么样的投资决策？

1. 问爸爸妈妈：他们是否了解什么是外汇投资？如果爸爸妈妈对这一方面不是很了解，你可以将课堂中学到的相关内容为爸爸妈妈简单介绍一下。

2. 与爸爸妈妈讨论：如果欧元对美元将出现贬值，投资者应该购入欧元还是购入美元？

_____

_____

_____

_____

_____

_____

_____

_____

十七、企业投资之一：创业创富

小美的网店开始盈利了

小美是阿宝姑姑的女儿，她现在是大学三年级的学生。从上大学开始，小美每月的零花钱都是固定的。每个月1号，银行会自动从她妈妈的账户上将当月的生活费转到她的账户上。最初小美因为不知道如何合理安排生活费，常常不到月底就把生活费花光了。为此她还曾向阿宝借过钱。不过，小美很快学会了如何合理支配生活费。这样一来，她每月还能省下一些钱。每年寒暑假及国庆假期，小美都会利用假期打工挣钱。两年多来，连省带挣，小美手中积攒了两万多元的存款。

与其他同学一样，小美经常上"淘宝"等购物网站上网购。她的风衣、裙子、靴子、手机等都是从网上购买，这种购物方式既方便又省钱。

9月初的一天，小美灵机一动：何不自己也开一个网店，经营一些同学们喜欢、又有特色的商品呢？经营好的话，或许自己还能创收呢，更重要的是，她还可以提前积累创业经验。

说干就干，不到一周的时间，小美的"二手货"网店就开张了。她的网店主要经营的商品大多是她从同学们那儿收集来的，价格只有市场价的2至3折。当货物卖出之后，她就把货款支付给货物原来的主人，自己则留下30%的货款作为"销售服务费"。不到两周，问题就出现了：她出售的二手货很抢手，很快就销售一空，网店马上陷入了"断货"危机。

　　于是，小美开始四处寻找货源。一周之后，小美成功地找到了一家位于学校附近的水晶产品经销公司。对方是一家跨国企业，但目前在市场上的品牌知名度还不高，他们希望借助网上商店来进一步扩大品牌的影响力。因此，他们非常支持小美在"天猫"上开一家品牌水晶饰品专卖店。在接受了两周的培训和筹备工作后，小美的水晶饰品专卖店在国庆节期间正式营业了。

　　短短两个月后，小美水晶网店的经营状况就从收支平衡转入盈利。

1. 你赞同小美在求学的同时经营网店吗？
2. 你将来希望自己成为一名创业者还是打工者？为什么？

什么是创业

创业是指独立或与人合作创办企业的行为。

创业者既是投资者，又是企业的主要经营者。成功的创业者通过自己的努力对自己所拥有的资源进行优化整合，从而为社会或者个人（家庭）创造出更多的财富。

练一练

1. 有多少创业资金就可以创办一家企业?（ 　 ）

A. 少于3万元　　　　B. 至少3万元

C. 至少10万元　　　D. 至少100万元

2. 连一连

公司性质	最低注册资金

有限责任公司　　　　　500万元人民币

一人有限责任公司　　　3万元人民币

股份有限公司　　　　　10万元人民币

3. 下面哪些人属于创业者？（　　　）

A. 比尔·盖茨　　　　B. 史蒂夫·乔布斯

C. 马云　　　D. 莫言　　　E. 李宁

FQ超链接

在车库里诞生的高科技公司

惠普公司（Hewlett-Packard Devenlopment Company，简称HP）总部位于美国加利福尼亚州的帕罗奥多，其主营业务为打印机、计算机、软件与资讯服务等。截至2011年，惠普的营业额达到1300亿美元，全球雇员超过30万人，是世界上数一数二的高科技公司。

惠普公司的创业故事一直为人们所传诵。

1934年，刚从斯坦福大学电气工程系毕业的戴维·帕卡德（Dave Packard）和比尔·休利特（Bill Hewlett）共同参加了为期两周的科罗拉多山脉远足与垂钓野外露营。在野营的过程中，他们进行了一番思想交流。由于对很多事情的看法一致，他们彼此视对方为挚友。此后，比尔在斯坦福大学和麻省理工学院继续其研究生学业，而戴维则加入了通用电气公司。

1939年1月，在比尔的研究生导师——斯坦福大学的教授弗雷德·特曼（Fred Terman）的鼓励和支持下，比尔和戴维决定合伙创办一家公司。

他们遇到的第一个问题就是公司的名字。经过商量，他们一致同意通过抛硬币的方式来确定公司的名字。

他们遇到的第二个问题是将这家"伟大"的公司安置在哪里？这个问题也没费什么周折，比尔的车库是他们当时唯一的选择。

第三个问题是"他们要为新公司投入多少资金"？这个问题也不用商量，两人将自己手头上的全部资金都拿了出来——共计538美元。

在这个简陋的车库里，他们很快就开发出了第一个产品：声频振荡器（一种用于测试音响设备的电子仪器）。此后，他们将第一批产品卖给了迪士尼公司。

两位年轻的发明家就这样开始了他们辉煌的创业之路。

在惠普公司的带领和示范下，弹丸之地"硅谷"先后诞生了英特尔、思科、安捷伦、甲骨文、苹果电脑等一大批全球知名的公司。

惠普的诞生地——车库

惠普两位创始人的合影

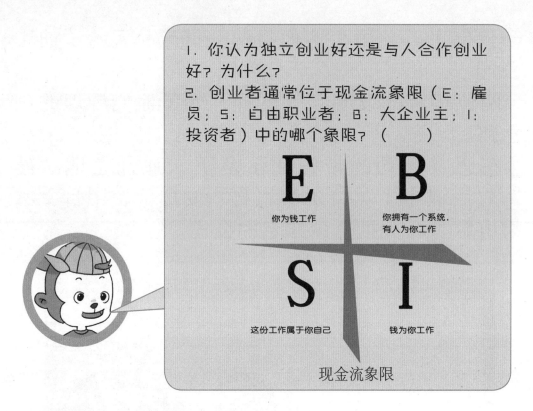

1. 你认为独立创业好还是与人合作创业好？为什么？

2. 创业者通常位于现金流象限（E：雇员；S：自由职业者；B：大企业主；I：投资者）中的哪个象限？（　　　）

E　你为钱工作

B　你拥有一个系统，有人为你工作

S　这份工作属于你自己

I　钱为你工作

现金流象限

FQ笔记

1. 向爸爸妈妈了解：在他们的同事、朋友、亲戚中，有哪些人是自己创业的？这些创业者是否已经为社会、家庭创造了可观的财富？

2. 与爸爸妈妈讨论：他们未来是否会支持自己在合适的时机创业？

_____

_____

_____

138

十八、企业投资之二：如何管理企业

"经营之神"的经营哲学

　　阿宝对经济类电视节目很感兴趣，他最喜欢的是《对话》节目。上周日播出的《对话》节目的主讲嘉宾是日本企业家稻盛和夫，这是一位非常谦虚、智慧的老人。他演讲的主题是"如何经营好企业"，并在节目中与观众坦诚地分享了自己的经营秘诀。阿宝津津有味地看完了这期节目并对此期节目印象深刻。

　　稻盛和夫1932年出生于日本鹿儿岛，23岁时毕业于鹿儿岛大学工学部。27岁时，没有任何积蓄的他"赤手空拳"创立了京都陶瓷株式会社（现名京瓷），并使之成为世界500强企业之一。在52岁时，他投资创办了KDDI电讯公司（目前在日本为仅次于NTT的第二大通信公司）。他只用了15年时间就让这家公司也进入了世界500强。他所创办的两大公司不仅盈利能力强，而且多年来一直保持稳定、强劲的增长趋势。因此，稻盛和夫在日本被誉为"经营之神"。

在《对话》节目中，稻盛和夫向到场的企业家详细介绍了他成功经营企业的秘诀。为了方便人们学习和应用，他将这些秘诀总结并提炼为"经营哲学十二条"。

阿宝对其中几条印象深刻：要明确所创办企业的崇高使命；心中要有强烈的愿望；要设立明确而有挑战性的目标；不断努力、勇于创新；以关怀之心和诚信待人、处事……

阿宝认为，这些"经营哲学"也可以称为"人生哲学"，对于自己当前的学习动力、人性目标、如何待人接物等都有着很好的指导意义。

阿宝还给自己定下了另一个目标：在寒假的时候，要认真阅读一遍《稻盛和夫自传》，并且要全面、深入地理解他总结的"十二条经营哲学"。

1. 你对稻盛和夫有何评价？
2. 你认为经营好一家企业是一件（　　　）的事情。
A. 比较容易　　　　B. 不容易也不难
C. 比较难　　　　　D. 非常难

企业经营要解决好哪些问题

　　企业经营过程中，需要重点解决好八个方面的问题：使命、领导者、团队、现金流量、系统、沟通、法律、产品。参见下图的 B-I 三角形。

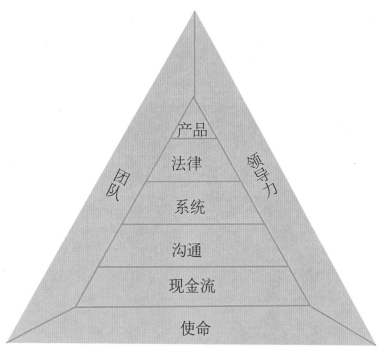

B-I 三角形

　　三角形外围由使命（任务）、团队及领导力构成，三角形内部按照重要性的高低由下往上排列，分别是现金流、沟通、系统、法律及产品。

141

在 B-I 三角形中，产品是最不重要的，即不要竭尽心力去想产品，而是把心力放在三角形的其他部分。当企业出现了问题，经营者可以依照这个图形来检视，看看问题出在哪里，并对这些问题加以修复。

使命：

公司的目标和方向。当你想到一个产品，想以此创业时，千万不能把"赚钱"当作企业的使命。如果一家企业的使命是赚别人的钱，而另一家企业的使命则是竭尽所能地满足他人的需求，你认为那一个企业会成功呢？

团队：

带来公司运转所需的各种特殊经验和技巧。团队分成两种：一种是你的导师，也就是成功地做了你想做的事的人；另一种是顾问，如会计师、律师等。在为企业确定好使命后，接下来要做的不是去寻找雇员，而是去寻找导师及团队，他们将与你一同建立你的 B-I 三角形其他部分。强大的团队将是你面临大公司竞争的最大利器。

领导力：

负责作出决策并保证公司关注其使命。

现金流：

支持企业物质实体的命脉。你的企业能否获利？现金是流进还是流出？在未能获利时该怎么办？打算把多少获利再投入企业的扩大再生产中，使企业运转更畅达呢？

沟通：

代表着管理层和团队之间的互动关系，以及企业和外部世界之间的关系。沟通分成三种：一种是你与自己的沟通，一种是你和公司内部人员的沟通，一种是你和客户的沟通。

系统：

代表公司运转的流程。如何能通过标准化程序来分享他人的专业经验。它可以很复杂，也可以很简单，是一门很有美感的艺术，而系统的改良也将随着你投入愈久而愈完备。

法律：

保证企业获得法律层面的保护。法律可以保证企业免受外界不法分子的侵害，尤其是企业的商标、知识产权等方面的保护。

产品：

完成企业使命必不可缺的部分。看看麦当劳的汉堡，它绝对不是最好吃的汉堡，但麦当劳是目前最成功的企业之一。由此可见，产品并不是最重要的。虽然如此，你还是需要产品来完成企业的使命。在你发展产品的同时，请务必赋予它一个使命，并建立 B-I 三角形来支持它，以期获得成功。

FQ动动脑

练一练

1. 企业的使命是什么？（   ）

A. 企业在社会经济活动中所担当的角色和责任

B. 企业努力奋斗的目标

2. 什么是现金流？（   ）

A. 现金和银行存款之和

B. 在某个时间段内，现金流入和流出企业的数量

C. 现金从一个地方流到另一个地方的数量

3. 谈谈你对 B-I 三角形中的 "系统" 的理解。

_____

_____

_____

_____

柳传志的管理三要素说

柳传志是联想集团的创始人。他是中国最知名的、最受尊敬的企业家之一，被誉为中国的"商界领袖"。

1944年，他出生于江苏镇江，1966年毕业于西北电讯工程学院（现西安电子科技大学），毕业后一直在中国科学院计算机研究所从事科研工作。

在他40岁的时候（1984年），他和另外11位同事辞去了计算机研究所的工作，靠20万元启动资金创办了联想公司。公司从开始代理销售国外品牌的电脑到开发自主品牌的电脑、打印机、手机等；从年销售额不足100万元快速增长到1600亿元人民币，进入世界500强，并创立了一个国际知名品牌"Lenovo（联想）"。

在《柳传志的领导智慧》一书中，他为读者全面披露了自己如何成功创业、如何管理好企业的秘诀。

他说："我对管理的理解就像是一个房屋的结构一样，房子的屋顶部分是价值链的直接相关部分——如何生产、销售、研发等；第二部分是围墙，这主要涉及管理的流程部分，如信息流、资金流、物流等；第三部分是地基，也就是机制、管理、文化……我们十几年来的主要工作，除了研究屋顶和围墙部分怎样赚取利润外，另外一个主要工作就是怎样把地基打好，以便使我们长期发展下

产品的研发、生产、销售

物流、资金流、信息流的管理

人才、机制、文化

企业管理屋顶图

去。"

柳传志认为，联想的核心竞争力体现在地基部分。关于这一部分的要诀，他总结为"管理三要素"，即如何建班子、定战略、带队伍。建班子的内容保证了联想有一个坚强的、意志统一的领导核心。定战略是如何正确地建立远期、中期和近期的

146

战略目标，并制定可操作的战术步骤，分步执行。带队伍是如何通过规章制度、企业文化、激励方式最有效地调动员工的积极性，保证战略的实施。

柳传志的管理精髓虽然只有区区9个字（建班子、定战略、带队伍），但却抓住了企业管理的核心。

20多年来，这"九字真经"帮助了无数中小企业实现跨越式的发展。

1. 柳传志的"管理三要素"与B-I三角形之间存在什么样的关系？
2. 企业管理屋顶图与B-I三角形之间存在什么样的关系？

1. 向爸爸妈妈了解：他们认为哪些公司的企业管理水平较高？这主要体现在哪些方面？

2. 与爸爸妈妈讨论：他们是否赞同"企业管理屋顶图"对企业管理问题的划分方式？

_____

_____

_____

_____

_____

_____

_____

_____

_____

十九、货币账户与心理账户

富爸爸发现了"心理账户"

富爸爸在经营"FQ西餐厅"的同时，作为经济学家和财商教育专家的他还经常研究一些经济学相关问题。最近，他率先发现和提出了一个新的概念——"心理账户"。

他是如何发现这个神秘账户的呢？

原来一个月前，富爸爸打算去听一场音乐会，票价是200元。在富爸爸马上要出发的时候，他发现自己把最近买的价值200元的电话卡弄丢了。于是，富爸爸开始犹豫是否还会去听这场音乐会？经过一番思想斗争，富爸爸决定仍旧去听音乐会。

可是就在当天富爸爸乘车去音乐会的路上，门票被小偷偷走了。富爸爸当时就想：如果我还想要听音乐会，就必须再花200元钱买张门票。结果，富爸爸直接折返回家了。

可仔细想一想，富爸爸丢失门票前和丢失门票后的想法是自相矛盾的。不管丢的是电话卡还是音乐会门票，终归他丢失了价值200元的东西，从损失的金钱上看，并没有区别。之所以出现上面两种不同的结果，其原因就是大多数人的心理账户方面的问题。

人们在脑海中，把电话卡和音乐会门票归到了不同的账户中，所以丢失了电话卡不会影响音乐会所在的账户的预算和支出，大部分人仍旧选择去听音乐会。但是丢了的音乐会门票和后来需要再买的门票都被归入了同一个账户，所以看上去就好像要花400元听一场音乐会了。人们当然觉得这样不划算了。

因此，人们除了银行账户、资产账户外，在心理上还存在其他账户。在这些心理账户中，存有健康、关爱、快乐、幸福等等"无形财富"。

于是，富爸爸提出了"心理账户"的概念及如下公式：

总财富=货币账户净资产＋心理账户资产。

富爸爸的观点在《经济学家》上一经发表，马上引起了经济学界关于"心理账户"的热烈讨论。其中，芝加哥大学的理查德·塞勒教授、普林斯顿大学的丹尼尔·卡尼曼教授对此给予了肯定和赞扬，并宣布将深入研究"心理账户"方面的课题。

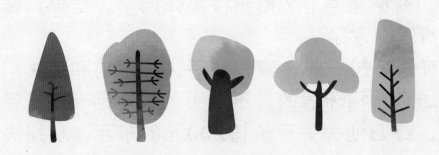

1. 你将选择哪一个？　　（　　）
A. 你一定能赚1万元
B. 你有80%的可能赚到1.5万元，20%的可能什么也得不到
2. 你将选择哪一个？　　（　　）
A. 你一定会赔1万元
B. 你有80%的可能赔1.5万元，20%的可能不赔钱
3. 安排班级旅游时，你会选择哪种做法？　　（　　）
A. 让大家将所有费用一次交齐，由班委统一开销
B. 先让大家交一部分钱购买必需品，然后各景点门票费用由个人自己掏钱购买

富爸爸告诉你

什么是货币账户和心理账户

货币账户也叫资产账户，所列科目为可量化的资产与负债。

心理账户是指存在于心理上的虚拟账户，所列的"资产"与"负债"很多是不可量化的，而且是无形的，但是个人能够感知到这一账户是增加了还是减少了。

一个人拥有的财富总额既包括货币账户的净资产，又包括心理账户的"无形净资产"。

FQ动动脑

练一练

1. 判断：货币账户的每一块钱都具有可替代性，而心理账户的每一块钱所带来的价值常常是不同的。（　　　）

A. 正确　　　　　B. 不正确

2. 选择：如何提高一个人拥有的财富总额？（　　　）

A. 增加货币账户的资产

B. 增加心理账户的无形资产

C. 降低心理账户的烦恼、忧愁等"负债"

D. 在心理账户中识别出更多的无形资产

E. 将货币账户的资产转移至心理账户

3. 选择：当一个人拿出500元来帮助贫困家庭解除燃眉之急时，（　　　）

A. 他的货币账户减少了500元

B. 他的心理账户的资产上升了

C. 他的总财富不变

D. 他的总财富增加了

E. 他的总财富减少了

4. 下列说法中，哪些说法是正确的？（　　　）

A. 知足常乐

B. 健康是福

C. 年轻就是财富

D. 有爱的家庭拥有更多的财富

E. 一寸光阴一寸金，寸金难买寸光阴

人人都是百万富翁

一天，犹太教教士胡里奥在河边遇见了忧郁的年轻人费列姆。费列姆正在唉声叹气，一副愁眉苦脸的表情。

"孩子，你为何如此郁郁不乐呢？"胡里奥关切地问。

费列姆看了一眼胡里奥，叹了口气说："我是一个名副其实的穷光蛋。我没有房子，没有工作，没有收入，整天饥一顿饱一顿地度日。像我这样一无所有的人，怎么能高兴得起来呢？"

"傻孩子，"胡里奥笑道："其实，你应该开怀大笑才对！"

"开怀大笑？为什么？"费列姆不解地问。

"因为你其实是一个百万富翁呢！"胡里奥有点诡秘地说。

"百万富翁？您别拿我这穷光蛋寻开心了。"费列姆不高兴了，转身欲走。

"我怎敢拿你寻开心？孩子，现在能回答我几个问题吗？"

"什么问题？"费列姆有点好奇。

"假如，现在我出20万美元，买走你的健康，你愿意吗？"

"不愿意。"费列姆摇摇头。

"假如，现在我再出20万美元，买走你的青春，让你从此变成一个小老头，你愿意吗？"

"当然不愿意！"费列姆干脆地回答道。

"假如，我现在出20万美元，买走你的美貌，让你从此变成一个丑八怪，你可愿意？"

"不愿意！当然不愿意！"费列姆的头摇得像拨浪鼓一样。

"假如，我再出20万美元，买走你的智慧，让你从此浑浑噩噩地度过此生，你可愿意？"

"傻瓜才愿意！"费列姆一扭头，又想走开。

"别慌，请回答完我最后一个问题——假如现在我再出20万美元，让你去杀人放火，让你从此失去良心，你可愿意？"

"天哪！干这种缺德事，魔鬼才愿意！"费列姆愤愤地回答道。

"好了，刚才我已经开价100万美元了，仍然买不走你身上的任何东西，你说你不是百万富翁，又是什么？"胡里奥微笑着问。

费列姆恍然大悟。从此，他不再叹息，而是积极地发挥自身的能力去创造财富，以此来改变自己的命运。

1. 当你身无分文时，你还拥有财富吗？
2. 想一想：你当前的财富总额大约是多少？
3. 你期望自己未来的财富总额能达到多少？

FQ笔记

1. 向爸爸妈妈了解：他们知道什么是心理账户吗？如果不知道，请你将本课所讲的相关内容为爸爸妈妈简单介绍一下。

2. 告诉爸爸妈妈：你当前就是一个"百万富翁"，并列出你的资产项目及各项金额。

_____

_____

_____

_____

_____

_____

_____

_____

_____

_____

_____

经济学家和教育专家共同打造的
少儿财商教育金钥匙系列

　　本套"金钥匙"财商教育系列以充满智慧的富爸爸、爱思考的阿宝、爱美的美妞、调皮好动的皮喽等卡通形象为主人公，结合国内外财商教育的丰富经验，将知识性、趣味性、实践性融为一体，让孩子们在一册书中能够在观念、知识、实践三个方面得到全方位的锻炼。

 金钥匙·儿童财商系列

第1阶段：走进神奇的财商大门
第2阶段：探究金钱语言ABC
第3阶段：与金钱约会的好习惯
第4阶段：我有一个财富梦想

 金钥匙·青少年财商系列

第1阶段：体验奇妙的经济世界
第2阶段：市场是一只看不见的手
第3阶段：你应该知道的10种创富工具